国家地理图解万物大百科
火山与地震

西班牙 Sol90 公司 编著　李 莉 译

江苏凤凰科学技术出版社·南京

目 录

克什米尔，2005 年
在南亚次大陆发生了撼动喜马拉雅山脉的大地震之后，一位 50 岁的农民紧紧抓住他妻子的手。那次地震夺走了 8 万条生命，导致 300 多万人无家可归。

自然的力量

有些照片会说话，有些手势传达的情感远远多于语言，就像这两只紧紧握在一起的手，人们在未知的恐惧面前互相寻求安慰。2005 年 10 月 8 日，这张照片拍摄于克什米尔地区，当时该地区经历了历史上最强的地震，而且余震不断。这两只紧紧握住的手传达了恐惧和惊慌，诉说了脆弱和无助，也展示了人们面临混乱时的坚持。与暴风雨和火山喷发不同，目前的科技水平尚无法准确预测地震的到来，地震会在数秒之间爆发，甚至没有任何预警。地震可能带来巨大的破坏，夺走无数生命，迫使数百万人逃离家园。2005 年大地震之后的克什米尔呈现出一片令人恐惧的景象：到处都是残垣断壁，很多人受伤或死亡，活着的人绝望地徘徊，孩子们在哭喊，300多万人无家可归，需要帮助。在历史上，地球曾多次经受或大或小的地震，其中最著名的地震之一是1906年发生在美国旧金山的地震。那次地震震级为里氏8.3级，造成了约3 000人死亡，北至俄勒冈州、南至加利福尼亚州的洛杉矶都有震感。

本书的目的是帮助你更好地了解断层的成因以及地球深部力量的巨大和暴烈。本书图文并茂，提供了很多城市被地震和火山袭击之后的图片，其景象令人震惊。地震和火山都是自然现象，火山喷发能够在数秒钟内释放出大量高温熔岩，摧毁建筑、公路、桥梁以及输送天然气和自来水的管道，破坏整座城市的电力供应或电话服务。如果不能迅速控制火山喷发引发的火势，它将会造成更大的破坏性后果。靠近海岸线的地震能够引起海啸，海啸波在海洋中的传播像飞机飞行一样快，冲到岸边的海啸波产生的破坏力会远远大于地震本身。2004年12月26日，整个世界目睹了史上最令人难忘的自然灾难之一。那天，一次里氏9.3级的海底地震袭击了东印度洋，引发了波及10多个国家、造成20多万人死亡的大海啸。后文中的卫星图像显示了那次灾难之前和之后某个受灾地区的地貌变化。

纵观历史，几乎所有的古人类和大型社会组织都将火山视为神或其他超自然生物的居住地，将火山喷发解释为山神的愤怒。比如在夏威夷神话中，火山女神裴蕾用火来清洁世界，并使土壤变得肥沃，人们相信她代表了一种创造性的力量。现在，专家们试图预测火山会在什么时候开始喷发，因为一旦火山开始喷发，数小时之内，熔岩流*就会将一片富饶之地变成一片光秃秃的荒野。不仅熔岩会破坏其前进道路上的一切，而且火山喷出的气体和火山灰会取代空气中的氧气，毒害人类和动植物。令人惊奇的是，在被火山喷发摧毁的地方会重新出现生命。一段时间之后，熔岩和火山灰被分解掉，这些地方的土壤会变得异常肥沃。正是由于这个原因，很多农民不顾潜在的危险，继续居住在这些"冒烟的山脉"旁。或许是因为住得离危险地带如此之近，他们已经明白没有人能够控制自然的力量，剩下唯一能做的就是简单地生活。●

* 呈液态在地面流动的熔岩被称为熔岩流，熔岩流冷却后形成的固体岩石堆积有时也被称为熔岩流。

无休止的运动

夏 威夷火山国家公园的地形在不断地发生变化，这里每时每刻都见证着生命的开始与结束。从火山流淌出的熔岩常常会沿着山坡流入大海。炽热的熔岩在流入水中之后，会迅速冷却并重新凝结形成新的岩石，这些岩石成为海岸线的一部分。通过这个过

绳状熔岩
一种表面常似波状起伏或似绳索盘绕铺地的结壳熔岩。

程，火山岛不断地成长。这里所有的事物时时刻刻都在发生着变化，前一天熔岩沿着火山的山坡流淌下来，第二天便会形成新的、银灰色的岩石。运用显微镜对熔岩样本进行持续研究有助于火山学家发现岩石的矿物构成，并为探究火山未来的可能动向提供了线索。●

炽热的熔岩流

地球内部的绝大部分物质处于一种炽热的液体状态，温度极高。这个巨大的熔融物含有溶解的晶体和水蒸气以及一些其他气体，这就是我们所说的岩浆。当部分岩浆通过火山活动的形式向地球表面方向涌动时，就被称为熔岩。熔岩一旦到达地球表面或者海床，就开始冷却、凝固，按其原始的化学成分形成不同类型的岩石。这就是形成地球表面的基本过程，也是地球表面不断变化的重要原因。科学家们对熔岩进行研究，以便更好地了解我们所居住的星球。

火流

熔岩是所有火山喷发的核心动力。根据所含气体和化学成分的不同，熔岩的特点也各不相同。火山喷出的熔岩含有水蒸气、二氧化碳、氢气、一氧化碳和二氧化硫等气体。当这些气体排出时会进入大气，形成湍流云，有时会造成暴雨。火山喷射出的碎屑（碎片）可以分为火山弹、火山砾和火山灰。有些大的碎片会落回火山口的凹陷处。熔岩流动的速度很大程度上取决于火山的陡峭程度，有些熔岩流的长度可以达到 145 千米，速度可以达到 50 千米 / 时。

高温

熔岩温度能够达到 1 200 ℃。熔岩温度越高，流动性越强。当熔岩的体量巨大时，就会形成火的河流。随着熔岩不断冷却和凝固，它的流动速度会越来越慢。

矿物成分

熔岩含有大量的硅酸盐，这是一种轻质岩石矿物，大约占地壳体积的 95%。熔岩内含量位居第二的是水蒸气。硅酸盐决定了熔岩的黏度，也就是决定了其流动性。根据黏度的不同，形成了最常见的熔岩分类系统之一：玄武岩熔岩、安山岩熔岩和流纹岩熔岩（按硅酸盐含量从低到高排列）。玄武岩熔岩会形成长长的河流，比如典型的夏威夷火山喷发通常会形成此类景象；而流纹岩由于流动性弱，通常是爆炸性喷发；安山岩熔岩是以安第斯山脉命名的，因为此类熔岩在此处最为常见，这是一种中等黏度的熔岩类型。

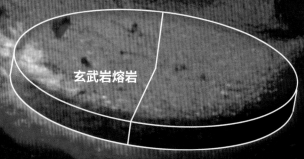

玄武岩熔岩

48%
其他成分

52%
硅酸盐

岩石循环

➤ 熔岩一旦冷却并凝固，就形成火成岩。这种岩石通过风化、变质、沉降等自然过程，会形成其他种类的岩石，它们下沉到地球内部之后，重新变成熔化的岩浆。这个过程称为岩石循环，要经过数百万年才能完成。

沉积岩
由成层沉积的松散沉积物固结而成的岩石。

变质岩
岩石的原始结构由于热量和压力而发生变化。

变回熔岩

变回熔岩

2. 火成岩
地球表面的熔岩硬化成的岩石。玄武岩和花岗岩是典型的火成岩。

1. 熔岩
以液体形式溢出到地球表面的岩浆。

凝固的熔岩
当温度低于 900 ℃时，熔岩凝固。黏度较高的熔岩形成粗糙的地形，到处都是尖锐的岩石；而流动性较强的熔岩，通常会形成平坦光滑的岩石。

熔岩的平均温度为

1 000 ℃。

熔岩的类型
玄武岩熔岩通常分布在岛屿和洋中脊上，其流动性非常强，因此在流动时四处漫延。安山岩熔岩流动非常缓慢，可形成厚达 40 米的岩层。流纹岩熔岩黏度非常高，因此在到达地面之前就会形成固体碎片。

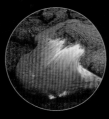

安山岩熔岩
硅酸盐：63%
其他成分：37%

流纹岩熔岩
硅酸盐：68%
其他成分：32%

地球的悠久历史

根据天文学家的星云假说，地球、太阳以及太阳系中的其他行星的形成方式与形成时间是一致的，这一切都是从 46 亿年前的一个巨大的氢氦云团以及小部分较重的物质开始的。地球由其中一个"小"旋转云团形成，在这个云团中，粒子不断互相碰撞，产生极高的温度。后来，这团物质发生了一系列的作用，形成了地球目前的形状。●

从混沌到如今的地球

地球形成于 46 亿年前。在最初阶段，地球是太阳系中一个炽热的岩石体。有观点认为，第一次明显的生命迹象出现在 36 亿年之前的海洋中，从那以后，地球上的生命在不断扩大规模和走向多样化。变化从未停止过，而且据专家预测，未来会发生更多的变化。

45 亿年前

冷却

第一层外壳因暴露在太空中冷却而形成。地球的各地层由于密度不同而产生分化。

46亿年前

形成

物质积聚形成固体的过程，也就是吸积过程（天体通过自身的引力俘获周围物质，而使其质量增加的过程）停止了，地球的体积停止增长。

6 000 万年前

第三纪的褶皱作用

褶皱作用开始产生效果，形成了当今世界上最高的一些山脉（如阿尔卑斯山脉、安第斯山脉和喜马拉雅山脉），并继续造成地震，直到现在。

5.4 亿年前

古生代

分裂

主要的大陆板块形成，后来分裂开来，成为现今各大陆的起源。海洋到了其扩张速度最快的阶段。

10 亿年前

超大陆

最初的超大陆罗迪尼亚超大陆形成，但是在大约 6.5 亿年前，这块超大陆已经完全消失了。

40 亿年前

陨石撞击

当时陨石撞击地球的频率是如今的 150 倍。这些碰撞活动蒸发了原始海洋，触发了如今所有已知生命形式的出现。

38 亿年前

太古宙

稳定状态

形成大气、海洋和原始生命的作用得到增强。同时，地壳变得稳定，地壳的第一批板块出现了。由于自身的重力，这些板块沉入了地幔，为新板块让路，这个过程持续到了今天。

当最初的地壳冷却之后，剧烈的火山活动从地球内部释放气体，而这些气体形成了早期的大气。大气中的水蒸气冷凝成降雨，形成了原始的海洋。

超级火山的年龄

以科马提岩为标志。科马提岩是一种火成岩，但是如今非常少见了。

最古老的岩石出现了。

22 亿年前

变暖

地球再次变暖，冰川退却，给海洋让路，而新的生命体从海洋产生。臭氧层开始形成。

23 亿年前

"雪球地球"事件

地球上绝大部分地区被冰雪覆盖，形成一个巨大的"雪球"。

18 亿年前

元古宙

大陆

由较轻的岩石构成的第一批大陆出现了。在北美洲和波罗的海，有大片岩石区可以追溯到那个时代。

堆积层

地球表面向下深度每增加33米，温度大约增加1 ℃（该规律只适用于地球浅层，而且不同地区有差异）。地心温度可能超过6 000 ℃，但是由于承受着巨大的压力，因此地心仍被认定为固体。一个人要到达地心，必须经过界限分明的4层。覆盖地球表面的气体也分为数层，其成分各不相同。外部和内部力量作用在地壳表面，持续塑造着地壳的外表。●

地壳

地壳是地球的固体外层，海洋地壳（简称洋壳）的厚度一般为4~15千米，而大陆地壳（简称陆壳）在山脊处最厚则可达70千米，整个地壳的平均厚度仅有约17千米。陆上的火山活动和洋中脊的火山活动生成新的岩石，构成了地壳的一部分。地壳底部的岩石很容易熔化变成岩石地幔。

坚硬的外壳
地壳是由火成岩、沉积岩和变质岩构成的，其中火成岩占地壳岩石体积的60%以上。对于不同的地形，其岩石组合也各不相同，例如珠穆朗玛峰便同时包含这3种类型的岩石。

图例 ● 沉积岩　　　● 火成岩　　　● 变质岩

大陆架
在洋壳与陆壳相连接的部分，火成岩由于热量和压力作用而变成了变质岩。

洋中脊
岩浆在沿洋中脊伸展的裂缝中凝固，形成新的玄武岩，从而重新构建海底。

海岛
火成岩是构成海岛的最主要成分，另外还有一些沉积岩。

地壳
厚4~70千米。

花岗岩岩基
深成岩体可以在地下凝固成大量的花岗岩。

深成岩体
是上升的岩浆在地壳内冷却后形成的聚合体。其英文名称源于普鲁托，即古罗马神话中的冥王。

滨海岩石
沉积物的岩化层，这些沉积物通常是黏土和卵石，是高山侵蚀作用的产物。

气袋

空气和影响我们生活的绝大部分天气活动只发生在地球大气的最底层，这层相对较薄的大气被称为对流层，在低纬度地区厚17~18 千米，但在两极地区的厚度只有 8~9 千米。大气的每一层都有其独特的组成成分。

低于

18 千米

对流层

含有大气 75% 的气体以及几乎所有的水蒸气。

低于

50 千米

平流层

非常干燥，水蒸气凝结并掉落出该层。臭氧层位于这一层。

低于

85 千米

中间层

中间层的顶界温度可降至 –113 ℃，从这一层往上，温度逐渐升高。

低于

500 千米

热层

这一层密度非常低，空气处于高度电离状态。在 250 千米以下，空气绝大部分是由氮构成的，在这个高度以上，绝大部分是氧。

高于

500 千米

外逸层

没有确定的外围边界。这一层含有较轻的气体，比如氢和氦，它们绝大部分都已经离子化了。

上地幔

厚约 900 千米

下地幔

厚约 2 000 千米

成分与地壳类似，不过呈液态，并处于巨大压力之下，其温度为1 000~4 500 ℃。

岩石圈

包括上地幔的固体外层以及地壳，各处厚度不一，整体厚约 80 千米。

软流圈

岩石圈下面是软流圈，其位于上地幔上部，大致在 80~400 千米的深度，由部分熔融的岩石构成。

外核

厚约 2 250 千米

成分主要是熔化的铁和镍，温度在 4 700 ℃以上。

内核

半径约 1 220 千米

由于处于极大的压力之下，内核呈现为固体状态。

板块的漂移

1912 年，地球物理学家阿尔弗雷德·魏格纳提出大陆在不断移动的观点，但是当时这个观点看起来很荒谬，他也没有办法对此作出解释。而仅仅半个世纪之后，板块构造理论就能够解释这种现象了。海底的火山活动、对流和地幔中岩石的熔化为大陆漂移提供了动力，而大陆漂移如今仍然在塑造着我们星球的表面。●

大陆漂移

最初的大陆漂移学说认为大陆是漂浮在海洋上的，这种观点已经被证明是错误的。7 个板块包括大陆和海底的一部分，这些板块在熔化的地幔上漂移，就像巨型的贝壳。根据它们的运动方向，其边界可能会聚合（当它们相向运动时）、分离（当它们趋向于要分开时），或者在水平方向滑过对方（沿着转换断层移动）。

隐藏的发动机

熔化的岩石的对流运动推动地壳运动。不断升起的岩浆在分离板块边缘形成新的地壳，而在聚合板块边缘，地壳熔化进入地幔。

2.5 亿年前

那时全球所有大陆连成一体（泛大陆），被海洋所包围。

泛大陆

1.8 亿年前

像南极洲板块一样，北美板块分离出来。超大陆冈瓦纳古陆已经开始分离，并形成了南大西洋。

劳亚古陆

冈瓦纳古陆

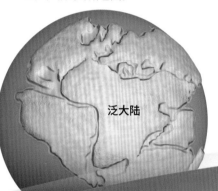

5 厘米

这是一般情况下板块在 1 年中移动的距离。

印度 - 澳大利亚板块

聚合板块边缘

当两个板块相碰撞时，一个板块沉入另一个的下面，形成俯冲带（亦称消减带），这引起了地壳的褶皱运动和火山活动。

汤加海沟

东太平洋海隆

纳斯卡板块

秘鲁—智利海

对流

那些最热的熔化了的岩石向上升，而一旦升起之后，它们就会冷却并再次下沉。这个过程在地幔中产生了持续的对流活动。

向外运动

岩浆作用引起了板块朝向其远端俯冲带的运动。

1 亿年前

大西洋已经形成，南亚次大陆正向欧亚大陆方向移动，当两块大陆互相碰撞时，喜马拉雅山脉就会隆起。

6 000 万年前

当时各大陆的位置与其现在的位置接近。地中海正在显现，而褶皱作用已经发生，将形成现今世界上最高的山脉。

各大陆再次漂移到一起所需的时间为

2.5 亿年。

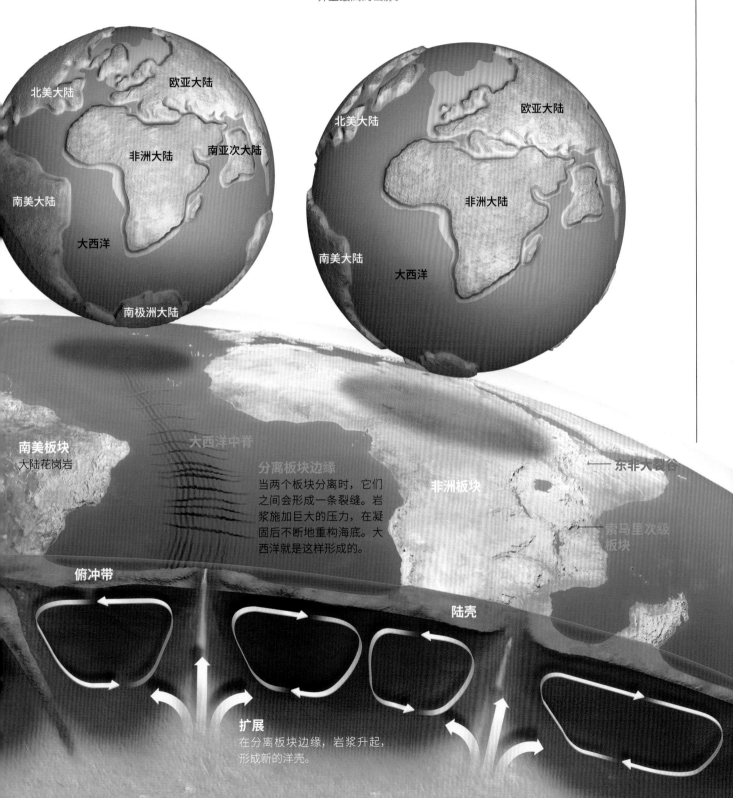

南美板块
大陆花岗岩

大西洋中脊

分离板块边缘
当两个板块分离时，它们之间会形成一条裂缝。岩浆施加巨大的压力，在凝固后不断地重构海底。大西洋就是这样形成的。

非洲板块

—— 东非大裂谷

索马里次级板块

俯冲带

陆壳

扩展
在分离板块边缘，岩浆升起，形成新的洋壳。

海底裂缝

海底在不断扩张，新的地壳在海底不断形成，这种观点已经被研究了很多年。海底有很深的海沟，海底的山脉相对未来讲比大陆上的山脉更高，但是具有不同的特征。这些巨大山脉的山脊称为洋中脊，在断裂带显示出令人难以置信的火山活动。断裂带可以看成岩石圈里的能发生相对位移的大裂缝，地壳沿着这些裂缝分裂扩张。1.8亿年前，冈瓦纳古陆分裂，形成了一条裂缝。大西洋就是沿着这条裂缝生长形成的，而且如今仍在不断扩张中。●

海底的地壳

沿着断裂裂带，地壳在海底不断生成，为一个看起来永不休止的过程提供了动力。在这个过程中，新的岩石圈形成，从洋中脊的顶部被输送出来，就像被放置在一条传送带上。根据这种情况，科学家们预计，再经过2.5亿年，各大陆被不断继续扩张的海底推动，会重新集合在一起，形成一个新的泛大陆。大洋板块与大陆板块在活跃的俯冲带边缘或者不活跃的大陆边缘（大陆架和大陆坡）相接。海底俯冲带（被称为海沟）也出现在大洋板块之间，那里是地球上最深的地方。

最高点 8 848.86 米
（珠穆朗玛峰）

高度和深度

深海盆地约占地球表面积的30%。最深海沟的深度远远大于陆地上最高山脉的高度，如下图左侧所示。

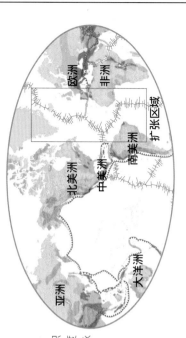

欧洲　非洲　亚洲　北美洲　中美洲　南美洲　大洋洲　扩张区域

海脊内外

大西洋的深海平原是地球上最平坦的表面之一。在数千米的范围内，海拔高度变化很小，只有3米左右。这里的平原几乎都是由沉积物构造成的。大洋深度的变化主要是大西洋中脊的火山活动，不仅仅是大西洋中脊的火山活动，而且包括海洋中其他地方的火山活动。

1 环礁
环礁是温暖海域的珊瑚环绕火山堆积形成的，它们在热带太平洋的很多地区以及加勒比海的部分地区构成了环形的岛屿。

欧洲

非洲

热水和溶解的矿物

火山烟雾

枕状熔岩

主岩体内的岩墙

海底界向图

海洋岩石圈

软流圈

（马里亚纳海沟）

南美洲

约 870 米
陆地平均海拔高度

0 米
海平面高度

约 3 700 米
海洋平均深度

反向极性

正向极性

磁化

地磁极性倒转

地球磁场会周期性地改变方向，地磁北极与地磁南极在历史上曾多次交换位置。在磁极反转期间凝固的岩石，其磁化得到下一阶段新生成的岩石的极性，极性与当前地磁场方向一致的岩石被认为拥有正向极性，反之则被认为拥有反向极性。

2 孤立的火山锥。有些海山上升到海平面以上，成为岛屿，比如亚速尔群岛。

洋中脊是如何形成的

数十千米宽的一层海绵状岩石从裂缝中升起。当这层岩石断裂并离开裂缝平行的巨大岩体，由岩浆分隔开来。于是海洋随着洋中脊的扩张变得更宽广。在洋中脊顶部3.5千米以下，岩石以液态形式存在。

之后，会固化与裂缝平行的巨大岩体，由岩浆分隔开来。于是海洋随着洋中脊的扩张变得更宽广。

地壳中的褶皱作用

板块运动引起地壳的变形和断裂，特别是在聚合板块的边缘。在数百万年中，这些变形产生了被称为褶皱的地质构造，形成了山脉。地形的某些特征类型为了解地球地质史上的重大褶皱运动提供了线索。●

地壳变形

地壳是由一层层坚固的岩石构成的。板块之间由于运动速度和方向不同而产生构造作用力，使得这些岩层灵活地伸展、移动或断裂。山脉在这个过程中形成，这通常需要数百万年或更长的时间。然后外力开始活动，比如风、冰和水的侵蚀作用。如果滑动作用将岩石从正在使之变形的压力下解放出来，那么岩石会返回到以前的状态，并可能引起地震。

1 处于持续的水平构造作用力影响下的部分地壳遇到阻力，导致岩层变形。

2 通常更加刚硬的外层岩层会断裂而形成断层。

3 尽管受到侵蚀作用的影响，但是岩层的成分还是可以显示褶皱的起源。

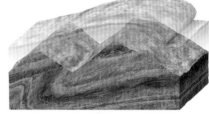

最大的 3 次褶皱运动

地球的地质史上发生过 3 次大的造山过程，称为"造山运动"。在前两次造山运动时期（加里东期和海西期）形成的山脉如今都比较低矮，因为它们已经经受了亿万年的侵蚀作用的影响。

材料 岩层中的泥岩、板岩和砂岩。

材料 主要是花岗岩、板岩、闪岩、片麻岩、石英岩和片岩。

三叶虫

4.4 亿年前

加里东造山运动
形成了加里东山脉。如今在苏格兰、斯堪的纳维亚半岛和加拿大仍然能看到加里东山脉的残余部分。

腕足动物

3.8 亿年前

海西造山运动
发生在泥盆纪晚期和二叠纪早期之间。海西造山运动比加里东造山运动的意义更加重要。这次活动塑造了欧洲的中西部，产生了大型的铁矿脉和煤矿脉，还形成了乌拉尔山脉、北美洲的阿巴拉契亚山脉、部分安第斯山脉和塔斯马尼亚岛。

喜马拉雅山脉的形成

地球上最高的山脉是在南亚次大陆和欧亚大陆相撞之后形成的。印度板块（印度‑澳大利亚板块的一部分）在欧亚板块之下水平滑动。被困在两个板块之间的巨大沉积岩将欧亚板块的上部切成断片，这些断片互相堆叠在一起。这个褶皱作用过程形成了喜马拉雅山脉，包括地球最高峰珠穆朗玛峰（8 848.86 米）。这种旧板块的深层断裂部分称为增生柱。在那个时期，亚洲大陆发生弯曲，板块厚度增加了1倍，形成了青藏高原。

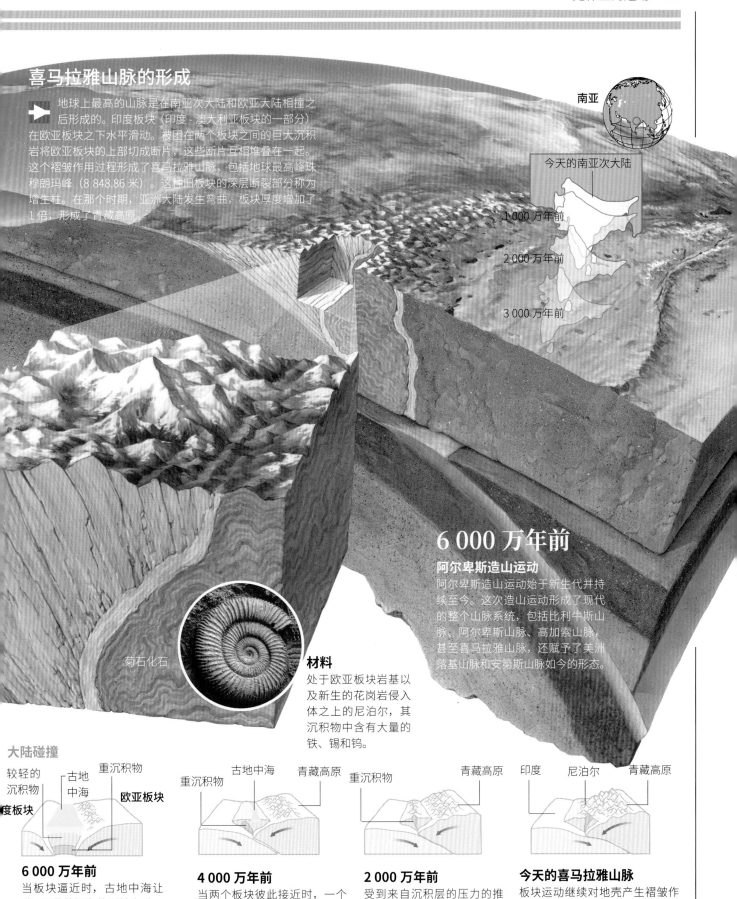

南亚

今天的南亚次大陆

1 000 万年前
2 000 万年前
3 000 万年前

6 000 万年前

阿尔卑斯造山运动

阿尔卑斯造山运动始于新生代并持续至今。这次造山运动形成了现代的整个山脉系统，包括比利牛斯山脉、阿尔卑斯山脉、高加索山脉，甚至喜马拉雅山脉，还赋予了美洲落基山脉和安第斯山脉如今的形态。

菊石化石

材料
处于欧亚板块岩基以及新生的花岗岩侵入体之上的尼泊尔，其沉积物中含有大量的铁、锡和钨。

大陆碰撞

较轻的沉积物　古地中海　重沉积物　欧亚板块　印度板块

6 000 万年前
当板块逼近时，古地中海让路，层叠的沉积物开始上升。

4 000 万年前
当两个板块彼此接近时，一个俯冲带开始形成。

2 000 万年前
受到来自沉积层的压力的推动，青藏高原升高。

今天的喜马拉雅山脉
板块运动继续对地壳产生褶皱作用，尼泊尔地带正在慢慢消失。

地层褶皱

形成山脉的力量也在山脉内部对岩石进行着塑造。在长达数百万年的压力作用下，地壳折叠成了奇怪的形状。始于 4.4 亿年前的加里东造山运动创造了一条长长的山脉，将北美洲的阿巴拉契亚山脉与斯堪的纳维亚半岛连在了一起。在这个过程中，整个英格兰北部都被抬高了。古代的亚皮特斯海曾经位于相撞的大陆之间，沉积岩从这里的海底被抬升，并保持了与过去相同的状态。

志留纪

这是该褶皱作用发生时的地质年代的名称。

1. 三块大陆

加里东造山运动是由 3 块古大陆——劳亚古陆、冈瓦纳古陆和波罗的古陆碰撞产生的。它们之间的亚皮特斯海海底所蕴含的沉积物形成了如今威尔士海岸的岩床。

4.4 亿年前

3.95 亿年前

2. 山脉

如今可以在英格兰、格陵兰和斯堪的纳维亚海岸看到长长的加里东山脉。自从创造它们的构造运动停止之后，它们就不断受到磨损、侵蚀。

砂岩

石灰岩

成分

在山脉被古大陆的碰撞抬升起来之前，海底堆积了大量的沉积物。这些沉积物后来形成了岩石，之后的构造运动使之形成了如今图中所见到的地层褶曲。正如岩石形状所清楚显示的那样，构造作用力挤压了本来处于水平位置的沉积物，使它们弯曲。现在可以在威尔士古老西海岸的卡迪根湾看到这种现象。

砂岩

泥岩

断层的运动

断层是在地壳上产生的小的断裂。很多断层可以很容易看到，比如贯穿加利福尼亚州的圣安德烈斯断层，但是，其他的断层则隐藏在地壳中。当一个断层突然断裂时，就会引发地震。有时候断层面会让处于较低层的熔岩在某些地点突破封锁、冲到地面，从而形成火山。●

沿断层面发生的相对运动

断层边界通常不会形成直线或直角，它们的表面方向会发生变化。断层的分类取决于断层的成因，以及形成断层的两个板块之间的相对运动过程。当构造作用力水平挤压地壳时，断裂造成地面的一部分上升到另一部分的上面。与此相反，当断层两侧的板块受到张力作用（拉开）时，一侧的板块会沿着另一侧板块形成的斜坡下滑。

①

正断层

这种断层是水平张力作用的产物。其运动主要是纵向的，断层面上方的岩体（上盘）相对于断层面下方的岩体（下盘）向下移动。其断层面倾角以60°左右较为多见。

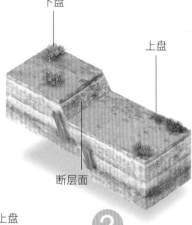

下盘　上盘　上盘　下盘　断层面

②

逆断层

这种断层是挤压地面的水平力量造成的。挤压导致地壳的一部分（上盘）向另一部分（下盘）之上滑动。逆冲断层（上冲断层）是逆断层的一种常见形式，断层面倾角小于45°，可以延伸数百千米。但是，倾角大于45°的逆断层通常只有几米长。

③

斜滑断层

这种断层既有水平运动，也有垂直运动。因此，断层边缘的相对位移可能是斜向的。在古老的斜滑断层中，侵蚀作用通常会消除周围地形之间的差异，但是在年代较近的斜滑断层中，会形成峭壁。取代洋中脊的转换断层就是斜滑断层的具体实例。

倾角

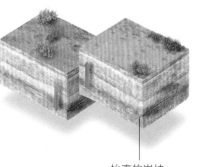

抬高的岩块

④

走滑断层

在这种断层中，板块主要沿同地球表面平行的水平方向做相对运动。板块之间的转换断层通常就属于这种类型。这种断层一般不是单个的断层，而是由一系列较小的断层构成的。这些断层都向一条中心线倾斜。

该断层两侧相对滑动的距离已达

566 千米。

罗杰斯溪断层
康科德 - 格林山谷断层
魔鬼山断层
格林维尔断层
卡拉维拉斯断层
海沃断层
奥克兰
旧金山
圣格雷戈里奥断层
太平洋

相反方向

太平洋板块相对于北美板块向西北方向运动，板块运动在这个地区造成了褶曲和裂缝。

改变河床

由于摩擦力的作用和表面的断裂，转换断层产生横断层，同时在其运动过程中对它们进行改变。圣安德烈斯断层会对附近的河床产生改变，如改道、移位。

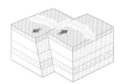

移位河床
看起来河床沿着断层线"断掉了"。

美国西海岸

加利福尼亚州长度	1 240 千米
断层长度	1 300 千米
断层最大宽度	100 千米
年最大位移（1906 年）	6 米

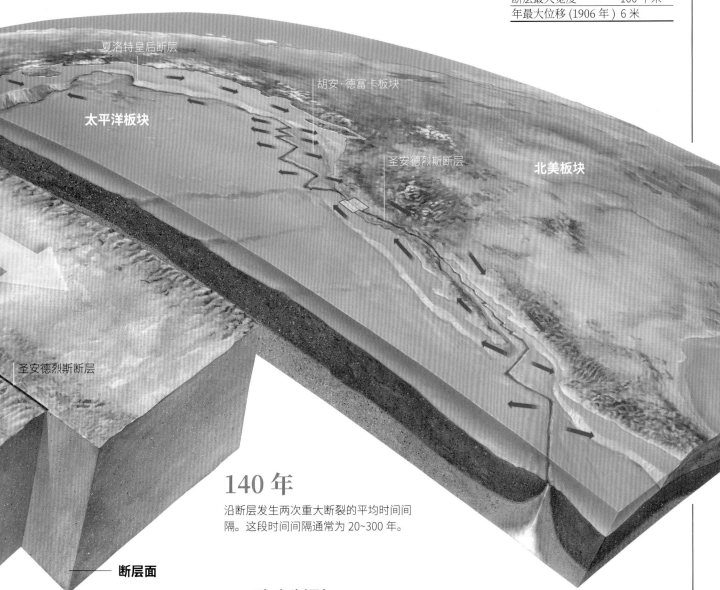

夏洛特皇后断层

太平洋板块

胡安·德富卡板块

圣安德烈斯断层

北美板块

圣安德烈斯断层

140 年

沿断层发生两次重大断裂的平均时间间隔。这段时间间隔通常为 20~300 年。

断层面

过去和未来

大约 3 000 万年前，下加利福尼亚半岛位于墨西哥的西部（现在为西北部）。从现在开始的 3 000 万年之后，该半岛可能会位于加拿大海岸外的某处。

致命断裂

美国西部的圣安德烈斯断层是一个断层系统的骨干，这个系统有很多复杂的小断层。自从 1906 年发生了将旧金山夷为平地的大地震之后，人们对这个断层系统投入的研究精力比对地球上其他任何一个断层系统都多。这基本上是一个水平转换断层，构成了太平洋板块和北美板块的边界。如果两个板块在滑过对方时平滑顺利，就不会发生地震。但是，板块的边缘是彼此接触的，当坚硬的岩石不能承受不断增加的压力时，就会断裂，并引发地震。

认识火山

埃特纳火山一直都是活火山，正如我们从记载其活动的历史文献中看到的那样。我们甚至可以这样说，这座火山从来就没有给美丽的西西里岛片刻安宁。古希腊哲学家柏拉图是第一个研究埃特纳火山的人。他专门到意大利近距离观察火山喷发，然后

埃特纳火山
埃特纳火山高度超过
3 300 米，是欧洲最
大、最活跃的火山。

描述了熔岩是如何冷却的。现在，埃特纳火山继续间歇性喷发，吸引大量游客前来观赏由炽热的爆炸产生的壮观的焰火。得益于这个地区良好的天气条件和持续的强风，此壮观景象在整个西西里岛东岸都能看到。●

燃烧的火炉

山是我们所在星球的内部动态最强烈的表现形式之一。火山从地球表面释放出来的岩浆能够摧毁周边的地区，火山喷发还会从天而降的火焰和火山灰以及洪水和泥石流，甚至将它们冒烟的火山口视为通往地狱的入口。每座火山都有活跃期，在这个时期，火山能够改变地形和气候。从人类就惧怕火山，活跃期过后，火山会熄灭。

火山的生与死：破火山口的形成

1. 爆炸性喷发能够排放大量的熔岩、气体和岩石。

2. 火山通道和岩浆房会留下气孔。

火山的形成

地球深处的岩浆以及伴生的气体、碎屑通过地壳裂缝喷出地面，冷凝、堆积而形成锥形火山。

1 当两个板块相聚时，一个板块形成新的岩浆，在板块之间积聚了巨大的压力。

2 岩石熔化并形成新的岩浆，在板块之间积聚了巨大的压力。

3 地壳内的热量和压力迫使岩浆从岩石缝隙中渗漏并上升到地面，造成火山喷发。

岩浆喷发

火山灰形成的云

熔岩流
火山口侧面流下来。

火山口
凹陷处或凹地，火山从此处喷出黏稠物质（岩浆、火山灰、水蒸气及其他气体等）。

寄生火山
复合火山锥有多个火山口。

次级火山通道

火山锥
由层叠的火山成岩构成，在以前的火山喷发中形成的火山口的熔岩流都会为火山锥增添。每次喷出的熔岩流都会为火山锥增添。

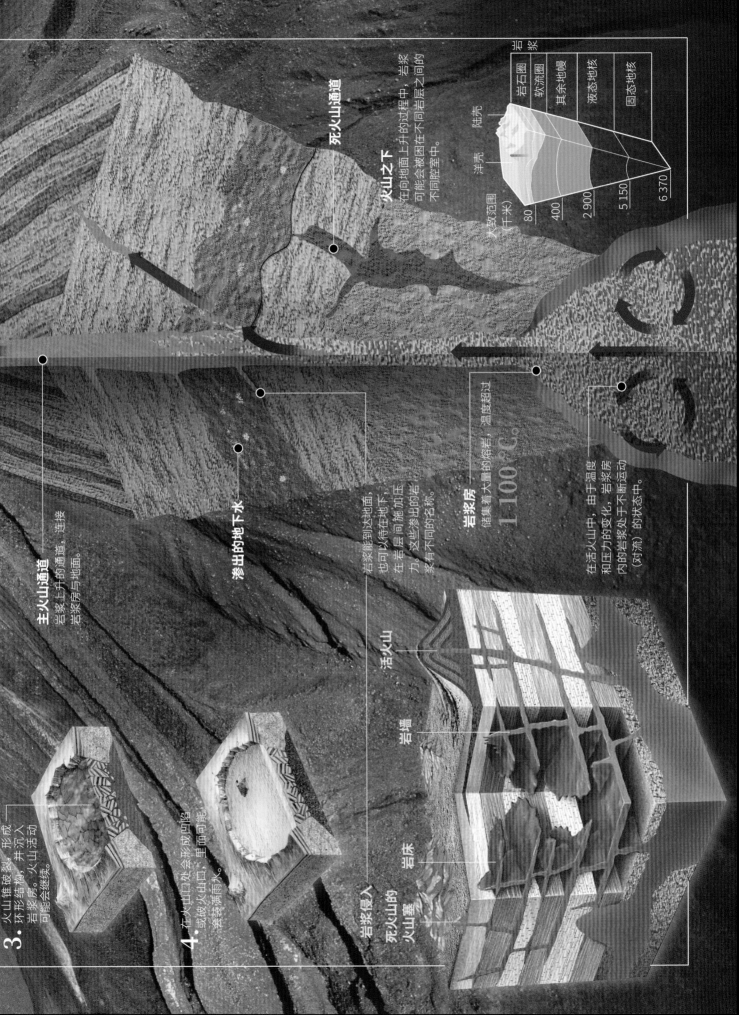

岩浆

岩石圈
软流圈
其余地幔
液态地核
固态地核

陆壳
洋壳

大致范围（千米）
80
400
2 900
5 150
6 370

死火山通道

火山之下
在向地面上升的过程中，岩浆可能会被困在不同岩层之间的不同腔室中。

主火山通道
岩浆上升的通道，连接岩浆房与地面。

渗出的地下水

岩浆能到达地面，也可以待在地下，在岩层间施加压力。这些渗出的岩浆有不同的名称。

岩浆房
储集着大量的熔岩，温度超过
1 100℃。
在活火山中，由于温度的变化和正压力的变化，岩浆房内的岩浆处于不断运动（对流）的状态中。

活火山

岩墙

岩浆侵入

死火山的
火山塞

岩床

3. 火山锥形破裂，形成环形结构，并沉入岩浆房。火山活动可能会继续。

4. 在火山口处会形成凹陷或破火山口，里面可能会装满雨水。

分　类

地球上没有任何两座火山是完全相同的，科学家根据它们的特点将其分成 6 种基本类型：盾状火山、火山渣锥、层状火山、熔岩穹丘（穹状火山）、裂隙式火山和破火山口。火山的形状取决于火山源、喷发开始的方式和伴随火山活动的过程。有时候也按火山对周围地区的生命造成危险的程度进行分类。●

最常见的火山

层状火山沿着太平洋板块边缘的一个被称作"火环"（环太平洋火圈）的区域成串分布。

层状火山的火山口

主火山通道

熔岩流

次级火山通道

岩床

熔岩穹丘

周边由"坚硬"的熔岩积聚形成，由于熔岩的硅含量很高而产生了高黏度。这种熔岩几乎不流动，而是在适当的位置迅速硬化。

火山渣锥

圆锥形的碎屑堆，高度可达 300 米。散落的岩屑或火山灰在火山口附近堆积时，就形成了火山渣锥。这些火山渣锥一般都有角度为 30°~40°的斜坡。

盾状火山

这类火山的直径远远大于它们的高度。它们是由流动性较强的熔岩流积聚形成的，因此高度较低，有缓坡，其顶部近乎平坦。

层状火山

由复合火山锥形成的火山。外观上几乎对称，由硬化的熔岩流及火山碎屑物层层堆积而成。虽然可能会有几条次级火山通道，但是层状火山基本是围绕一条主火山通道形成的。层状火山通常是活动最剧烈的火山类型。

伊拉马特佩克山

这座火山渣锥位于萨尔瓦多首都以西 65 千米处。有记载的最近一次喷发发生在 2005 年 10 月。

基拉韦厄火山

这是一座位于夏威夷的盾状火山，是地球上最活跃的盾状火山之一。

富士山

这是一座著名的层状火山，海拔3 776 米，是日本的最高峰。最近的一次喷发发生在 1707 年。

火成岩侵入：独特的纵剖面

1 火山塞的形成
死火山
熔岩凝固并形成稳固的岩石。

2 初期侵蚀
火山锥受到侵蚀。
火山塞没有受到影响。

3 留存的火山塞
周围地形变得平坦。
火山塞依然存在。

圣米歇尔教堂
建造在法国勒皮市由坚硬岩石构成的火山塞上，该火山塞曾经封堵了一座火山的火山通道。其火山锥很久以前已经被侵蚀掉了，如今只剩下中央的柱状熔岩。

该火山塞的高度：从基座到顶部共

80米。

内含火山口湖的破火山口

死火山的火山塞

新火山锥形成

冲击波

岩浆房

破火山口
火山顶较大的凹陷，形状与火山口类似，但是直径超过 1 000 米。破火山口通常见于死火山或休眠火山的顶部，一般都有很深的火山口湖。有些破火山口是在发生完全摧毁火山的巨大爆炸之后形成的，有些则是在火山连续喷发后，空的火山锥不能继续支撑其锥壁而坍塌形成的。

岩墙

裂隙式火山
这种长长的狭窄开口主要分布在洋中脊。它们释放出大量的液态物质，形成由层状玄武岩构成的宽广斜坡。溢出的玄武岩所覆盖的面积可超过 100 万平方千米，比如印度的德干高原。

布兰卡破火山口
位于加那利群岛的兰萨罗特岛，处于以"火之山"著称的裂缝区内。

蒙纳乌鲁火山
位于夏威夷的一座裂隙式火山，是太平洋中部最活跃的火山之一。

火 光

火山喷发的过程可能会持续几小时,也可能会持续几十年。有些火山的喷发是毁灭性的,而有些则温和得多。火山喷发的猛烈程度取决于火山内岩浆、溶解气体和岩石之间的力量变化。最强烈的喷发通常是岩浆和气体经数千年的积聚、压力不断增强的结果,其他的一些火山,比如斯特隆博利火山和埃特纳火山,每过几个月就能达到爆发点,经常喷发。●

火山喷发是如何发生的:

3. 喷发
当岩浆不断增长的压力超过岩浆和火山口岩面之间的物质的承受能力时,这些物质就会被喷射出来。

2. 在火山通道中
岩浆在上升过程中,挥发性成分逐渐溶出,形成气泡,这些气泡为岩浆提供爆炸力。

1. 在岩浆房里
岩浆与水蒸气等各类气体在压力下混合。

4. 火山碎屑物
火山活动所产生的碎屑物质称为火山碎屑物。火山灰由规格小于2毫米的火山碎屑物构成。火山喷发甚至能喷射出花岗岩巨石。

火山弹	粒径大于 64 毫米
火山砾	粒径为 2~64 毫米
火山灰	粒径小于 2 毫米

火山口

火山通道

气体

熔化的岩石

岩浆房

5. 熔岩流
夏威夷岛上的当地人将熔岩流分为 aa 熔岩(渣块熔岩)和绳状熔岩,前者是将沉积物一扫而空的黏滞性熔岩流,而后者是流动性更强的熔岩流,凝固成柔软的波状物。

溢流活动

过程比较温和，伴有低频率的爆炸。熔岩中的气体含量较低。

火山碎屑物
体量小。

熔岩流
流动性强，主要成分为玄武岩。

岩浆

位置
位于洋中脊和火山岛上。

爆炸活动

气体含量高、黏度相对较高的熔岩会造成爆炸活动，而爆炸活动能产生火山碎屑物并积聚巨大的压力。不同类型的爆炸是根据规模和体积来区分的，最猛烈的爆炸可以将火山灰抬升成高度超过20千米的烟柱。

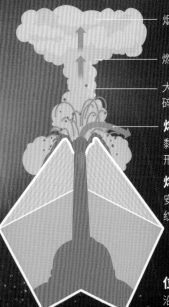

烟柱

燃烧的烟云

大量的火山碎屑物

熔岩流
黏滞的、穹丘形状的熔岩。

熔岩
安山岩或流纹岩。

位置
沿大陆边缘和岛屿链分布。

溢流式喷发的类型

低矮的穹丘，像盾状火山。

熔岩大量频繁地喷出。

裂隙有数千米长或更长。

熔岩慢慢渗漏出来。

夏威夷式喷发

冒纳罗亚火山和基拉韦厄火山等火山喷出大量的玄武岩熔岩。这些熔岩的气体含量低，因此它们的喷发非常温和，有时候会释放出明亮的垂直熔岩流（火的喷泉），高度可达100米。

裂隙式喷发

裂隙式火山主要分布在大洋断裂带，以及层状火山（如意大利的埃特纳火山）侧面或盾状火山（如夏威夷的盾状火山）附近。这类火山最大规模的一次喷发于1783年发生在冰岛的拉基火山，25千米长的裂缝中喷出12立方千米的熔岩。

爆炸性喷发的类型

燃烧物质的烟云高度为**100~1 000米**。

熔岩流

烟柱高度可达**15千米**。

烟柱高度可达**25千米**。

燃烧的烟云沿着斜坡向下移动。

火山塞

斯特隆博利式喷发

这类高频率的喷发以意大利西西里岛的斯特隆博利火山命名。相对较少的火山碎屑物排放量使得这种火山能够每隔大约5年喷发一次。

乌尔卡诺式喷发

以西西里岛附近的乌尔卡诺火山命名。这类火山喷发喷射出更多的物质，并且具有更强的爆炸性，但喷发频率较低。内瓦多·德·鲁伊斯火山1985年的喷发喷射出了数万立方米的熔岩和火山灰。

维苏威式喷发

也称为普林尼式喷发，这是最猛烈的火山喷发类型，能够形成高度可达平流层的烟柱，比如1883年的喀拉喀托火山喷发。

培雷式喷发

火山塞堵住了火山口，将大爆炸之后的烟柱转向火山的一侧。1902年的培雷火山喷发，沿着斜坡猛烈喷射出大量火山碎屑物和熔岩，形成了燃烧云，摧毁了其前进道路上的一切。

太空照片

阿拉斯加的奥古斯丁火山喷发的照片，由地球资源探测卫星5号在1986年3月27日该火山喷发数小时后拍摄。

烟柱高**11.5千米。**

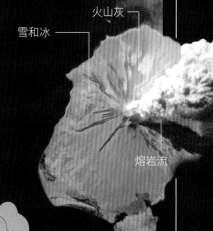

火山灰

雪和冰

熔岩流

熔岩流 夏威夷基拉韦厄火山　　熔岩湖 夏威夷马卡奥普尔火山　　冷却的熔岩（绳状熔岩）夏威夷基拉韦厄火山

圣海伦斯火山

在美国境内，活火山并不仅仅存在于阿拉斯加或夏威夷这些有异域情调的地区。北美洲爆炸性最强的火山之一位于华盛顿州。圣海伦斯火山在经历了很长一段时间的平静期之后，在1980年5月18日喷出大量的火山灰和水蒸气。其影响是灾难性的：57人死亡，熔岩流摧毁了600平方千米范围内的所有树木；湖水泛滥，造成泥石流，毁坏了房屋和道路。这个地区需要100年的时间才能恢复原貌。

坍塌前的山顶

冰川

新穹丘

旧穹丘

冰舌

火山锥

被炸毁的山顶
像香槟酒瓶的软木塞一样，山脉的顶部由于岩浆的压力而被炸毁。

**美国华盛顿州
奥林匹亚市**

火山类型	层状火山
基座规模	9.5 千米
活动类型	爆炸性
喷发类型	普林尼式
近几次较大喷发	1980、1998、2004 年
死亡人数	57 人

警告信号

在喷发之前的 2 个月，圣海伦斯火山发出了几种警告信号：一系列的地震运动、小型的喷发，以及岩浆上升造成的火山北坡隆起。最后在 5 月 18 日，一次地震造成了塌方，摧毁了火山的顶部。随后，火山岩柱基座的几次坍塌造成了大量火山碎屑流，其温度高达 700 ℃。

1. 隆起
不断冲向地表的岩浆流导致火山北坡隆起，隆起的北坡后来在一次山崩中坍塌。

上升的岩浆

未变的外形

坍塌前的隆起

前期岩石形成的次级穹丘

2 950 米

-401 米

2 549 米

在喷发后，圣海伦斯火山失去了其圆锥状的山顶，变成了破火山口。

喷发前
圣海伦斯火山有着匀称的外表，周围环绕着森林和牧场，被誉为美国的富士山。这次喷发留下了一个马蹄形的破火山口，周围都是劫后余迹。

喷发过程中
此次火山喷发释放的能量相当于 500 颗原子弹。

被毁坏的表面积达

600 平方千米。

其影响是毁灭性的：250 间房屋、47 座桥梁、25 千米长的铁路线和长达 300 千米的公路被摧毁。

24 千米

这是火山碎屑流产生的冲击波的覆盖范围，热量和火山灰彻底摧毁了大片的森林。部分区域已经被熔岩和火山碎屑流彻底碾碎和焚毁，温度上升到 600 ℃。

森林
在距离火山数千米处，被烧毁的树木上覆盖着火山灰。

2 北坡的压力
毫无疑问，北坡隆起是最终的大喷发前 2 个月发生的岩浆喷涌造成的。

被堵塞的火山口

找不到其他外泄通道的岩浆施压于侧翼，突破北坡。

3 初期喷发
北坡在一次爆炸性喷发时释放了岩浆的巨大压力。熔岩以 75 米/秒的速度流动了 25 千米。

穹丘的侧翼

火山口爆炸。侧边火山块坍塌，造成了巨大的火山碎屑流。

4 爆炸和垂直坍塌
在火山脚下，一条 195 米深的山谷被埋在了火山喷发物的下面。1 000 多万株树木被毁坏。

垂直的烟柱上升高度达到 19 千米。

坍塌前的轮廓

坍塌后的轮廓

喀拉喀托火山

1883 年初，喀拉喀托还仅是这个星球上一座不太起眼的小火山岛。该岛位于荷属东印度群岛（现印度尼西亚）的爪哇岛和苏门答腊岛之间的巽他海峡中。全岛面积 28 平方千米，主峰高 820 米。1883 年 8 月，这座火山岛发生了大爆发，这次大爆发是历史上规模最大的火山喷发之一，火山喷发过程中整座火山岛变得四分五裂。●

烟柱高达
55 千米。

经历火山大爆发的岛屿

喀拉喀托邻近印度 - 澳大利亚板块与欧亚板块之间的俯冲带。喀拉喀托火山的外部形态几经变化，在 1883 年时由 3 座火山（锥）构成，如下图所示。岛上的居民当时并不怎么担心这里的火山，因为上次火山喷发还是 1681 年的事情，有些人甚至认为这里的火山已经变成了死火山。然而，1883 年 8 月 27 日早晨，这座小岛发生了火山大爆发。当时，远在马达加斯加群岛上的人们都能听到火山喷发时巨大的爆炸声。火山灰将天空染成了一片漆黑。

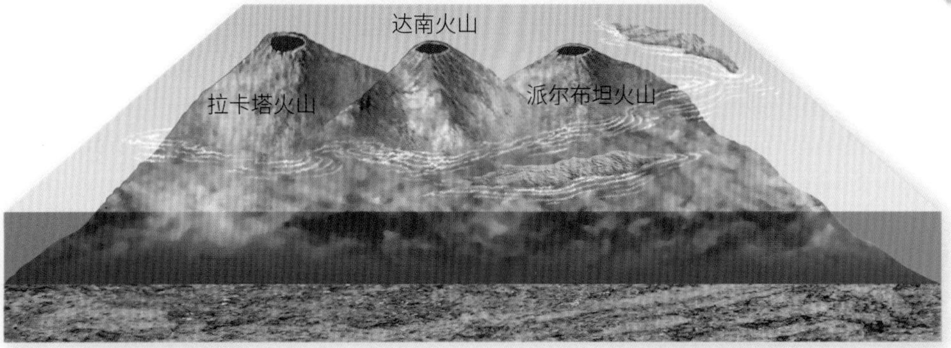

达南火山

拉卡塔火山

派尔布坦火山

1 喷发前
当年的 5 月份，当地就出现了火山喷发的征兆，先后发生了几次小规模的地震，同时还有水蒸气、烟雾及灰烬等从火山口中喷出。然而，这些征兆并没有引起人们的重视，没有人想到这里将发生如此可怕的火山大爆发，有些人甚至还从其他的地方专程赶到这里，就为了一睹火山的"烟火表演"。

2 喷发中
当日清晨 5 时 30 分，地下压力终于累积到了它的临界点，于是火山物质从岛屿的地下喷发而出，小岛裂开了一个 250 米深的大坑，水流立刻涌入其中，带来了一场巨大的海啸。

海啸中浪高达到了
40 米。
浪潮奔袭的速度达到了 1 120 千米 / 时。

喀拉喀托

南纬：6° 06′
东经：105° 25′

火山爆发前占地面积	28 平方千米
剩余部分占地面积	8 平方千米
喷发碎片的散落距离	2 500 千米
海啸造成的死亡人数	3.6 万人

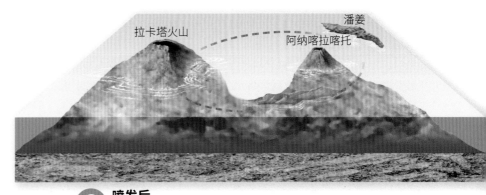

拉卡塔火山　　　　　　　潘姜

阿纳喀拉喀托

火山碎屑流

按照当时目击到火山喷发的海员的描述，火山碎屑流最远抵达了离岛 80 千米的地方。

③ 喷发后

火山喷发后，形成了一个直径达 6.4 千米的大坑。大约在 1927 年，在该地区又观察到了新的火山活动。1930 年，岛上出现了一个火山锥，并于 1952 年形成了阿纳喀拉喀托（所谓的"喀拉喀托之子"），它以每年大约 4.5 米的速度成长。

残余部分

大约 2/3 的岛屿都在火山喷发中毁掉了，只有拉卡塔火山的一部分得以幸存。

火山大爆发的影响

大量的火山灰进入了大气并长期飘浮在空中，从而导致以后的数年间月亮的表面好像被蒙上了一层蓝色的薄纱。同时，地球的平均温度也有所下降。

长期效应

海平面
海平面的波动甚至影响了遥远的英吉利海峡。

压力波
大气压力波环绕地球转了 7 圈。

英吉利海峡

马达加斯加

平流层

大气
火山喷出的火山灰在大气中飘浮了多年。

5 亿吨当量
这场火山喷发的威力相当于投放在广岛的原子弹的 2.5 万倍。

愤怒的后果

当一座火山变得活跃并喷发时，就会引发一系列的事件，而不仅仅是炽热的熔岩沿着斜坡流下来所引发的危险这么简单。气体和火山灰被喷射到大气中，会影响当地气候，而且有时会干扰全球气候，造成更具破坏性的结果。湖水泛滥还会引起被称为火山泥流的泥石流，会掩埋整座城市。在沿海地区，火山泥流还会引发海啸。●

积雪

熔岩

火山

火山泥流

熔岩流
在有破火山口的火山，低黏滞性熔岩可以在不喷发的情况下流出来，其滴落时就像清澈的蜂蜜；而黏滞性熔岩则很黏稠，就像结晶化的蜂蜜。

夏威夷火山国家公园的熔岩

火山渣锥
带有由凝固熔岩形成的岩墙的火山锥。

当熔岩向上流动时，火山锥会发生喷发。

树木模型
燃烧后的树木被淹没在冷却的熔岩之下。

石化的树木形成了一个微型火山。

熔岩管道
硬化的熔岩外层。

在其内部，熔岩仍然很热，并且处于液态。

在哥伦比亚共和国阿梅罗镇的救援
在内瓦多·德·鲁伊斯火山喷发后发生了火山泥流。一名救援人员在帮助一个困在火山泥流中的小男孩。

泥石流或火山泥流
雨水混合着积雪受热融化所形成的雪水，伴随着地震和泛滥的湖水，会引起被称为火山泥流的泥石流。这些灾害的破坏性甚至可能比火山喷发本身更严重，当火山泥流流下山时会摧毁前进道路上的一切。这类现象经常发生在山顶有冰川的高大火山上。

俯瞰阿梅罗镇
1985 年 11 月 13 日，哥伦比亚共和国的阿梅罗镇被内瓦多·德·鲁伊斯火山喷发所引起的火山泥流摧毁。

火山碎屑流

突然发生的火山爆炸性喷发产生的火山灰、气体和岩石碎片组成炽热的流体，向山下流动，会烧毁并带走它们前进道路上的一切。

速度
最高可达
700
千米/时。

温度
500~1 000 ℃

距离
在流纹岩熔岩喷发中可达
100
千米。

沉积物

非湍流型的稠密熔岩流

扩大了的湍流型熔岩流

1　较轻的颗粒与较重的颗粒分离，并上升形成毯子形状的云。

2　在灼热的烟云到达前，一波热浪摧毁了森林。

致命的熔岩流

图为一只遇上圣海伦斯火山喷发的小鸟。火山喷发摧毁了方圆 13 千米内的森林，其释放的热量和火山灰破坏了大片田地。

后果

光学效果

火山灰颗粒增强了黄色和红色。印度尼西亚的坦博拉火山在 1815 年喷发之后，世界各地都看到了罕见的绚丽日出。

上涨的河水

图像重现

这是圣文森特岛上的一个小渔村遭受火山喷发后的鸟瞰图，这次火山喷发没有遇难者。

地震

岩浆和气体的地下活动产生了压力，而压力引起了地壳的运动。地震可以视作火山即将喷发的一种警告信号。

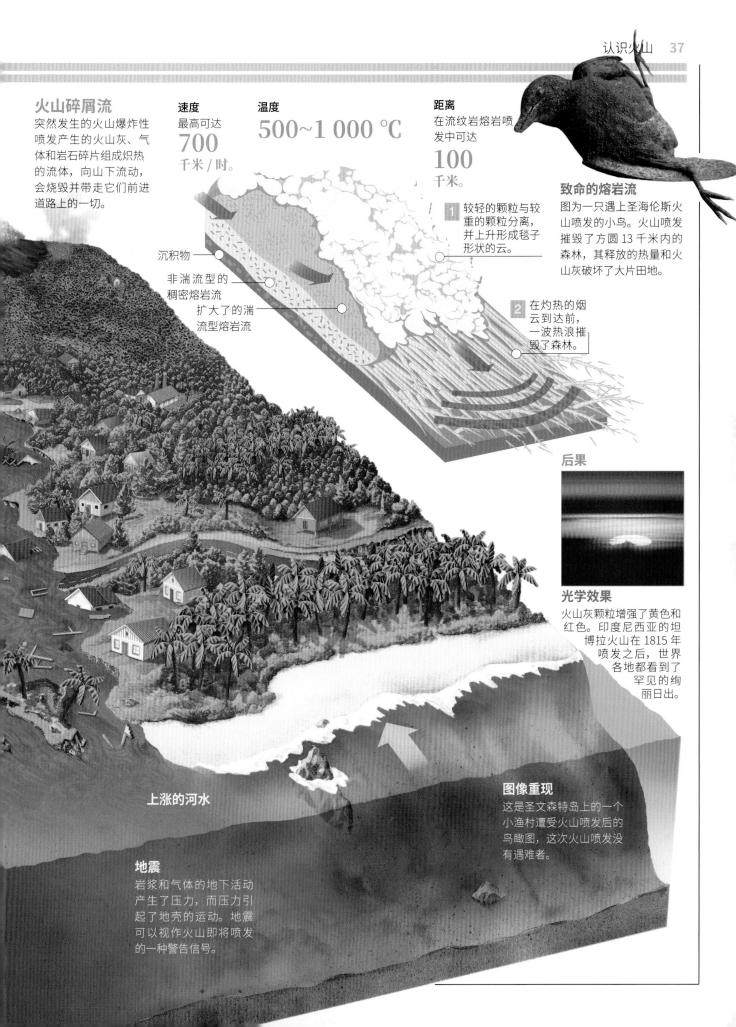

水射流

间歇泉断断续续喷出热水，能够向空中喷射数十米高。地球上一些具有良好水文地质条件的地区能形成间歇泉。在那些地区，过去的火山活动的能量将水困在地下岩石中。两次喷射之间的间隔可能是数日或数周。这种壮观的现象绝大多数分布在美国黄石国家公园（简称黄石公园）和新西兰北岛。●

喷射周期

5. 循环往复
当岩石内部的水压释放后，喷水便停止了，之后这种循环会不断重复。岩石裂缝和透水层中的水将再次积聚。

间歇泉每次最多可以喷射出
3万升水。

4. 喷射
水从火山锥中喷射出来，间隔时间没有规律。两次喷射之间的间隔取决于岩石腔内的水蓄满、沸腾并产生水蒸气所需要的时间。

喷射水柱的平均高度大约是
45米。

水和蒸气*流

大棱镜泉
这座泉位于黄石公园，是美国最大的温泉，也是世界第三大温泉，直径达115米，每分钟喷出约2000升水。它的颜色很特别，并且湖面的颜色会随着季节改变。

每分钟喷出约
2000升水。

创纪录的高度
1904年，新西兰的怀芒古间歇泉（现处于休眠期）喷射出了创纪录高度的水柱。1903年，4名游客因为不知情而靠近该间歇泉太近，被突然的喷发夺走了生命。

452米
吉隆坡石油双塔

457米
创纪录高度的水柱

一些主要的地热田

全世界大约有1000座间歇泉，其中大约一半位于黄石公园。

乌姆纳克岛（美国）
大同歇泉（冰岛）
堪察加半岛（俄罗斯）
汽船喷泉/贝奥沃泉（美国）
塔提奥间歇泉（智利）
北岛（新西兰）

115米

路径

在泉的中部，泉水的温度大约93 ℃，由中心到边缘，水温逐渐降低。

其他的后火山活动
因为岩浆的温度超过了100 ℃，水蒸气被不断地从喷气孔向外排放出来。

喷气孔
水蒸气
热水

硫质气孔
地热层向外散发硫黄和二氧化硫等含硫气体。

— 含硫气体

— 热水

喷泥池
这些喷泥池自己会产生泥浆。硫酸腐蚀了表面的岩石，形成充满泥浆泥浆的凹陷。

— 泥浆、黏土、矿物沉积物和水

— 热水

矿泉
矿泉水中含有钠、钾、钙、镁等多种矿物质，自古就因其疗效而闻名，对于治疗风湿病非常有帮助。

蒸汽能
在冰岛，地热蒸汽不仅用于温泉浴，还用于为涡轮机提供动力，为这个国家提供了绝大部分的电力供应。

阶地
这是浅浅的、会迅速干涸的池塘，具有阶梯一样的岸。

— 火山口

火山锥

次级火山通道

主火山通道

蓄水池或岩浆房
有多个岩浆房的间歇泉。

热源
3~10千米深的岩浆，温度为500~600 ℃。

---

3. 爆发
水以对流的形式上升，从火山锥的主火山通道喷射出来。

对流的力量
这种现象与沸水的原理一样。

A 水冷却后下沉到内部，在那里里再次被加热。

B 热气泡上升到水面，并释放出热量。

2. 不断积聚的压力
地下的岩浆房内充满了温度很高的水。水蒸气和其他气体，这些物质会通过次级火山通道排往主火山通道。

1. 加热的水
火山喷发数千年之后，这个地区的地下温度依然很高。岩浆房内传出的热量加热了从土壤渗透下去的水。在下层土壤中，水温可以达到270 ℃，但是上面较凉的水的压力阻止了它的沸腾。

岩浆房的形态

大间歇泉
(冰岛)

壮观喷泉
(黄石公园)

老忠实泉
(黄石公园)

圆间歇泉
(黄石公园)

大喷泉
(黄石公园)

纳西塞斯泉
(黄石公园)

* 蒸汽即水蒸气

环 礁

在热带地区的海洋中，有一些被称为环礁的环状（或椭圆状、马蹄状）岛屿，它们是由珊瑚礁组成的，这些珊瑚礁沿着如今已被淹没在海水中的古老火山生长。随着珊瑚虫不断生长，火山岛周围形成了一圈礁石屏障，就像堡垒一样。后来火山岛逐渐下沉，最后完全没入水下，再也看不见了，环礁取代了它的位置。

特卡伊坎

环礁的形成

1. 环礁形成之初
死火山在海面下的侧面被珊瑚虫占领了，珊瑚虫继续生长。

火山锥　珊瑚礁

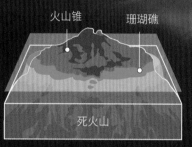

死火山

2. 珊瑚虫发展壮大
珊瑚虫安营扎寨并继续扩张，形成了环绕如今已经停止活动的古老火山的屏障。

珊瑚礁

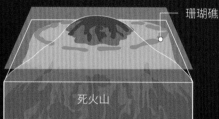

死火山

3. 环礁固化
最后，整座火山岛将完全沉入水下，留下一圈不断生长的珊瑚礁，中间有一个浅浅的潟湖。

珊瑚礁形成环状。

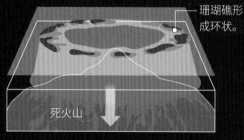

死火山

珊瑚礁

海滩
内礁
石灰岩

环礁层次
顶部
保护海岸免受海浪袭击的屏障。深沟和通道让海水流入环礁内部。

礁壁
枝状的珊瑚在这里生长，由于斜坡陡峭，其栖息地可能会断裂。

什么是珊瑚？
珊瑚是由无数珊瑚虫的外骨骼形成的。珊瑚虫属于刺胞动物门，表现为水螅型，隐藏在一个由碳酸钙形成的外骨骼中，它们与单细胞藻类共生。

硬珊瑚目

触须
口
咽喉
消化循环腔
矿物基底

珊瑚虫形成分支。

在分支末端的珊瑚虫

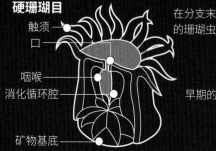

早期的珊瑚虫

紧缩在一起的珊瑚
最早的珊瑚构造，其中的珊瑚虫已死亡。

活的珊瑚虫层

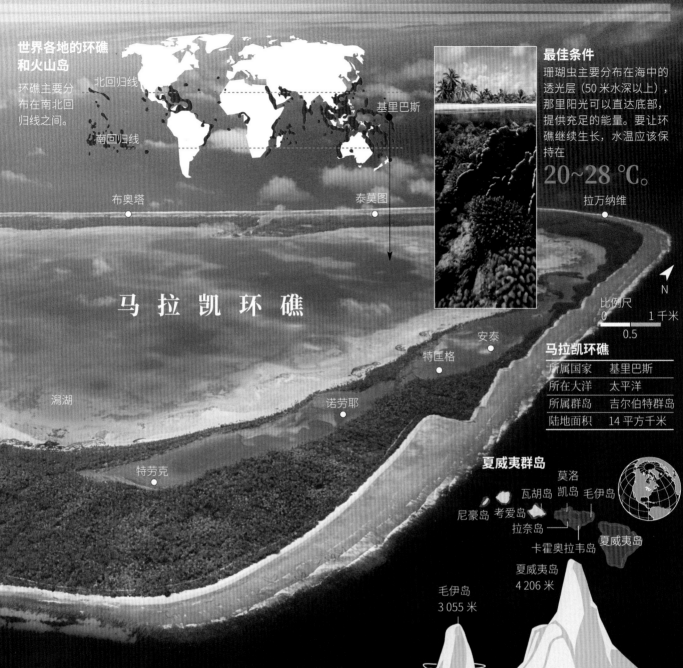

世界各地的环礁和火山岛

环礁主要分布在南北回归线之间。

北回归线

南回归线

基里巴斯

布奥塔

泰莫图

最佳条件

珊瑚虫主要分布在海中的透光层（50 米水深以上），那里阳光可以直达底部，提供充足的能量。要让环礁继续生长，水温应该保持在 **20~28 ℃。**

拉万纳维

马 拉 凯 环 礁

潟湖

特匡格

安泰

诺劳耶

特劳克

N

比例尺

0   1 千米

0.5

马拉凯环礁

所属国家	基里巴斯
所在大洋	太平洋
所属群岛	吉尔伯特群岛
陆地面积	14 平方千米

夏威夷群岛

尼豪岛　考爱岛　瓦胡岛　凯岛　莫洛　毛伊岛
拉奈岛
卡霍奥拉韦岛　夏威夷岛

火山岛的形成

在板块边界，当板块运动使岩浆从地球深处升起时，就形成了火山。数以千计的火山在海底形成，很多火山从海洋中浮现出来，形成海岛。

B 在远离板块边界的一些热点，上升的地幔柱引发的火山喷发也会形成岛屿。

板块运动

夏威夷岛
4 206 米

毛伊岛
3 055 米

莫洛凯岛
1 512 米

拉奈岛
1 027 米

卡霍奥拉韦岛
450 米

几座火山岛的最高点

冻结的火焰

冰岛也被称为冰与火之岛。在冰岛冰冻的表面之下，火山在阴燃，并不时地喷发，造成灾难。这座岛屿位于大西洋中脊的一个热点上，在这个地区，海床在不断扩张，大量的熔岩从气道、裂隙和火山口流出。

冰岛
纬度：北纬 64° 9′
经度：西经 21° 54′

面积	10.3 万平方千米
人口（2022 年 1 月）	37.6 万人
人口密度	3.7 人每平方千米
湖泊面积	2 757 平方千米
冰川面积	11 922 平方千米

从中间劈为两半

冰岛的一部分位于北美板块，北美板块相对于欧亚板块向西运动，后者相对前者则向东运动。由于构造作用力不断地拉动板块，这座岛屿正在慢慢地分成两部分，形成一个断层。两大板块的边缘是峡谷和悬崖，同时海床的面积也在不断扩大。

能量
岛上的居民利用来自火山和间歇泉的地热（蒸汽）来提供热力和电力。

斯奈山

里苏霍尔

雷克雅未克
冰岛的首都是世界上最北的首都。

普雷斯塔努库尔

雷克雅未克 ○　亨吉德山

雷恰内斯

北美板块　　欧亚板块

平均每年扩张 1 厘米。

雷克雅未克

溢出表面的岩浆来自一系列的中央火山，这些火山被裂隙隔开。

大西洋中脊　　大西洋

岛屿的形成

1963 年 11 月 14 日，在冰岛南部沿海不远处发生的海底火山喷发形成了苏尔特塞岛——这座星球上一块崭新的陆地。那次喷发产生了大量的火山灰，随后，地球深处的热量和压力将部分洋中脊推到了地面。这座岛屿在随后几个月内继续生长，目前它的表面积为 2.6 平方千米。该岛屿的名字来自冰岛神话中的火焰巨人苏尔特尔。

苏尔特塞

克拉布拉火山

这座火山历史上一直非常活跃，有记载的喷发有 29 次，最近的一次发生在 1984 年。

断裂带

如果把自西南向东北贯穿冰岛的断裂带切成两半，那么可以通过对剖面加以分析，揭示距离断裂带不同距离的岩石的年龄。

泰斯塔雷恰邦加

热点　克拉布拉火山

米湖

弗雷姆里那慕尔

火山口湖的直径约 500 米。

克拉布拉火山的维提（Viti 在冰岛语中意为"地狱"）火山口湖

阿斯恰火山

霍夫斯冰原

凯德灵加山

巴达本加火山

瓦特纳冰原的冰盖

格里姆火山

冰盖下的火山喷发

1996 年，格里姆火山和巴达本加火山之间出现了一条裂隙。熔岩在冰上制造了一个 180 米深的洞，并释放出火山灰和水蒸气。那次喷发持续了 13 天。

其最大的一次喷发发生在 1104 年。

海克拉火山

廷德菲亚德拉冰盖

拉基火山

它在历史上最大规模的一次喷发发生在 1783 年，喷出的火山灰甚至到达了中国。

苏尔特塞岛的形成

埃亚菲亚德拉冰盖

卡特拉火山

1. 最初的喷发是由岩浆和水发生相互作用而造成的。喷发次数很少，喷出的岩石仅距离火山几米远。

2. 反复的喷发向空气中排放了水蒸气和火山灰，形成了 10 千米高的烟柱。这座岛屿是由火山岩块和大量熔岩构成的。

3. 整个过程持续了 3 年半，喷出了 1 立方千米的熔岩和火山灰，但只有 9% 露出了海平面。

火山灾害的研究与预防

街道这侧禁止停车

大型的火山喷发往往会在数个月之前就发出警告信号。这些信号包括地壳外部所有可观察到的表现形式，如水蒸气、其他气体或火山灰的喷发，地震活动，以及通常在火山口凹陷处形成的火山口湖的湖水温度上升。火山地震学被视为保

白热的岩石
基拉韦厄活火山的熔岩流不断
地流动，形成表面的褶皱。即
使以最轻的脚步踏上去，这些
褶皱也会变形。

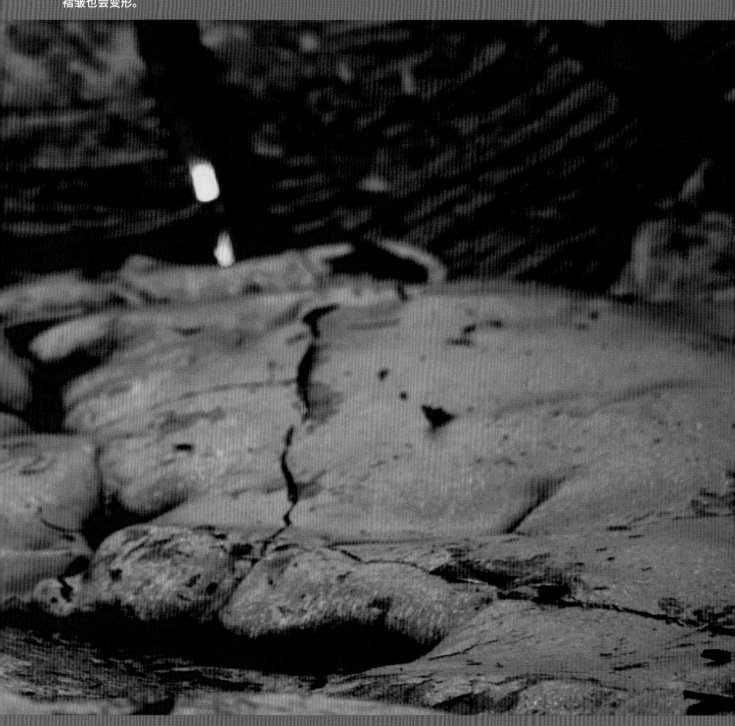

护火山附近城镇的最有用的工具之一。通常人　　他们清楚地了解火山异常震动的程度，这是
们会在活火山的火山锥附近设立几座火山监测　　评估火山大规模喷发可能性的一项极为重要的
站，科学家们从火山监测站得到的数据能帮助　　数据。●

潜在的危险

有些地方发生火山活动的可能性更高一些，而这些区域绝大多数都分布在板块相接的地方，不管两个板块之间是相向接近还是相背离开。火山最密集的地方位于太平洋的"火环"，另外在地中海、非洲和大西洋等地也有火山分布。

亚洲

阿瓦恰火山
俄罗斯
这是一座年轻的活火山，位于堪察加半岛的一处破火山口。

诺瓦鲁普塔火山
美国阿拉斯加
这座火山位于万烟谷。

圣海伦斯火山
美国华盛顿州
在 1980 年曾发生过一次出人意料的剧烈喷发。

太平洋上的"火环"

沿太平洋板块形成，世界上的绝大部分火山都分布在这个地区。

富士山
日本
这座美丽的火山是日本最大的火山。

50 座
印度尼西亚是世界上火山最集中的地区，仅爪哇岛就有大约 50 座活火山。

皮纳图博火山
菲律宾
该火山在 1991 年的爆发是 20 世纪的第二大火山喷发。

冒纳罗亚火山
美国夏威夷
这是地球上最大的活火山，植根于大洋底，占据了夏威夷岛一半的面积。

基拉韦厄火山
美国夏威夷
这是最活跃的盾状火山之一，自 1983 年以来，它的熔岩流覆盖了超过 100 平方千米的面积。

大洋洲

喀拉喀托火山
印度尼西亚
1883 年的喷发使全球平均气温降低了 0.6 ℃。

坦博拉火山
印度尼西亚
1815 年，这座火山的喷发产生了 150 立方千米的火山灰。这是人类有记录以来最大的一次火山喷发。

澳大利亚板块

东埃皮火山
瓦努阿图
这是一座海底破火山口，喷发缓慢，经常持续数月。

太平洋

俯冲带
美国西部的绝大部分火山是因为太平洋板块的俯冲作用而形成的。

太平洋板块

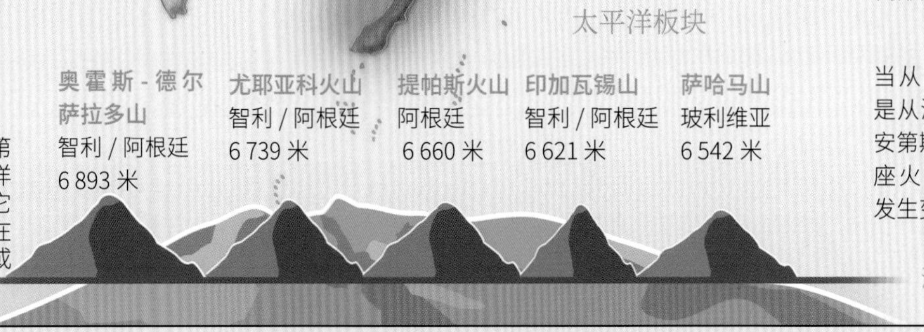

当从火山底部而不是从海平面测量时，安第斯山脉最高的 5 座火山的排名就会发生变化。

一些高大的火山

右图的火山分布在安第斯山脉中部，是太平洋火环的一部分。1 万年前是它们最活跃的时期，但是现在很多都已经成了死火山，或受到喷气活动的抑制。

奥霍斯 - 德尔萨拉多山 智利 / 阿根廷 6 893 米	尤耶亚科火山 智利 / 阿根廷 6 739 米	提帕斯火山 阿根廷 6 660 米	印加瓦锡山 智利 / 阿根廷 6 621 米	萨哈马山 玻利维亚 6 542 米

海平面

欧亚板块

每年大约有 **60** 座
火山喷发。

冰岛
冰岛的西半部
分位于北美板
块，而东半部分
位于欧亚板块。

埃尔德菲尔火山
冰岛
在一次喷发时，这座
火山每秒喷射出的熔
岩达 100 立方米。

维苏威火山
意大利
20 世纪，这座火
山喷发过 2 次。

欧洲

北美洲

北美板块

安的列斯群岛
其中的小安的列斯群
岛是火山活跃带。

美洲

大西洋

埃特纳火山
意大利
高 3 350 米，数
千年来一直处
于活跃状态。

非洲

印度洋

培雷火山
马提尼克岛（法国海外领地）
这座火山在 1902 年的喷
发彻底摧毁了圣皮埃
尔城及其港口。

南美洲

1. 5 月 2 日，第一场"火山
灰雨"降落在圣皮埃尔城。
岛屿周围的天空连续几天
都阴沉昏暗。

纳斯卡板块

奥霍斯 - 德尔
萨拉多山
智利 / 阿根廷
世界上最高的
火山，最近一
次喷发发生在
1956 年。

南美板块

2. 5 月 5 日，在靠近山顶的地
方，破火山口断裂，将其包
含的水释放了出来，造成了
一次大型的火山泥流。

非洲板块

3. 5 月 8 日，圣皮埃尔城被燃
烧的烟云摧毁，被毁面积
达 58 平方千米，约 3 万名
居民丧生。

南极洲板块

危 险
最危险的火山就是那些靠近
人口密集区的火山，比如位
于印度尼西亚、菲律宾、日
本、墨西哥和中美洲的火山。

不断增加的火山知识

火山学是对火山的科学研究。火山学家可以利用飞机和人造卫星研究火山喷发，从遥远的地方拍摄火山活动。但是，要想近距离研究火山的内部运作方式，他们必须攀登几近垂直的悬崖，面对熔岩、有毒气体和泥石流等危险。只有这样，他们才能取得样品、架设设备来探测火山的震动和声音。

现场测量

监测火山包括收集并分析样品，以及对不同的现象进行观察。地震运动、气体成分的变化、岩石内部的变形、地下岩浆活动引起的电磁场变化，这些情况都能为预测火山活动提供线索。

喷气孔

GPS（全球定位系统）接收机

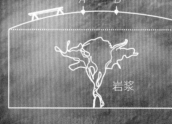

岩浆

熔岩温度

火山学家使用一种叫作热电偶的特殊温度计来测量熔岩的温度，普通的玻璃温度计会因为熔岩温度太高而熔化。水温和周围岩石的温度也是需要考虑的变量。

倾斜仪

倾斜仪被放置在火山的山坡上，用来记录火山喷发前土壤的变化。在A、B两点分别测量，监测岩浆的压力如何造成两点之间的表面变形。

全球定位系统

岩浆的活动导致火山锥上产生数百条裂缝。全球定位系统可以连续记录图像，并分析一段时间内火山的变形情况。

火山气体取样

岩浆内溶解的气体为火山喷发提供了能量。测量硫黄、水蒸气以及其他气体排出物，并分析这些气体的成分，就可能预测火山喷发的开始和结束时间。

防毒面具

真空管

钛管

从缝隙中逸出的气体

火山学家在意大利的利帕里岛上的一个喷气孔收集气体样品。

便携式地震仪

测量火山口

火山泥流探测器

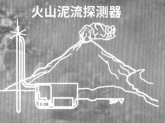

熔岩样本

地震

利用便携式地震仪来探测火山地区震源深度在 10 千米以内的地震。这些活动可以为研究岩浆的运动情况提供线索。

火山口的大小

测量火山活动引起的火山口扩张和固体熔岩穹丘的生长。这种生长代表着火山将要喷发的风险。

火灾泥流

火山泥流会掩埋大片的区域。监控这个地区的水量，就有可能在水量超过临界点之前发出警告并疏散人口。

熔岩收集

研究熔岩可以确定熔岩的矿物成分和来源。还要对老的熔岩沉积物进行分析，因为火山的喷发历史可以为预测未来的喷发提供一些线索。

为灾难发生做好准备

火 山喷发会对周围的居民造成危险，危险主要有以下两个方面：一方面是从火山上流下来的熔岩流和火山泥流造成的危险；另一方面是火山碎屑物造成的危险，特别是火山灰，火山灰能够将整座城市埋在地下。专家们已经为居住在火山地区的人们开发了一套有效的安全措施，这些措施能够尽可能地避免这些危险。●

20 千米

火山喷发前

➤　最好在火山喷发前了解安全措施，居民要熟悉疏散路线、安全区域和报警系统，还要准备好不易腐坏的食物、防毒面具和饮用水，以及检查屋顶的承重能力。

携带的给养不要超过

20 千克。

河流及小溪
大量的水可能会引发泥石流，所以要避开这些地区。

主要道路
这些道路通常会穿越低洼地区，它们可能是熔岩流或火山泥流的潜在通道。

桥梁
如果可能，请不要将桥梁作为你的疏散路线，因为它们可能会坍塌。

火山附近地区的疏散

➤　在火山的邻近地区（20 千米范围内），疏散是唯一可能的安全措施。只有在获得许可之后才能返回家园。要记住，疏散后要重新恢复正常生活需要很长时间。

医疗预防
随身携带急救箱和基本药物，并确保所携带的各种药品是在有效期内的。

关闭所有设备
在离开房子之前，关闭电源、燃气和水阀，并用胶带将门窗封严。

较高的高地
这是在火山喷发时进行疏散的首选目的地。高地能避免火山泥流和熔岩流经过的风险，而如果那里有避难所，还可以避免火山灰雨的袭击。

给养
水和食物是必不可少的；特别是在你一个人从火山地区撤离的情况下。

民防系统
听从所有的建议，注意官方信息，不要散布谣言。

火山泥流和火山碎屑流

火山泥流可能来自雨水或融化的冰雪。火山危险区内通常会有能够使河流改道或降低水坝和水库内水位的因素。

20 千米

这是火山紧急救援行动的临界距离。

风和雨

风是一个危险因素，能将火山灰带到更大的区域，影响 100 千米之外的地区。下沉的火山灰带来的最大危险是它能够与雨水混合形成很重的物质，落到屋顶上，压塌建筑。

坠落火山灰的地区

▶ 绝大部分人生活在火山危险区之外，但是火山喷出的火山灰会随风飘散，落到广阔的地区，因此最好提前告诉人们当有火山灰落下时该如何行动。

100 千米

备选路线

通过较高高地的道路是首选，因为这样可以避免遇到熔岩流和火山泥流。

水箱

应该暂停使用屋顶安装的水箱，并将其盖好，直到屋顶的火山灰全部清除干净。

待在家里

在火山灰下落时，最好待在室内。其中一个主要安全措施是储备便携式的饮用水，因为污染会导致常规的供水中断，特别是在供水来自这个地区的湖泊或河流的情况下。

门窗

只要火山灰继续降落，就最好一直将门窗紧闭，并做好密封。

屋顶的火山灰

在下雨之前，要立即将屋顶的火山灰清除，避免屋顶垮塌。

空调

在火山喷发期间，不要使用空调和大型干衣机。

面具

在户外时，戴上防毒面具。

保持冷静

把用水和醋浸湿的手帕盖住口鼻以保持呼吸。

不要用水冲洗

在火山灰降落之后，用水冲洗会使其形成黏稠沉重的火山灰糊，很难清除。

信息

一直关注广播，了解信息。

儿童

如果孩子们在学校，不要去接他们，他们在学校里会比较安全。

避免开车

如果必须要开车，你要慢慢开，并打开汽车的头灯。最好将车停在封闭空间内或者套上保护罩。

1 天内被埋葬

公元 79 年 8 月 24 日，那不勒斯湾附近的维苏威火山喷发。古罗马的庞贝城和赫库兰尼姆城完全被埋在了火山灰和其他火山碎屑物的下面。那是古代最严重的自然悲剧之一。感谢小普林尼，他的记录使我们能够了解那天的很多细节。由于他那句对火山喷发的著名描述——"一朵像松树似的黑云出现在火山口"，因此这种类型的喷发就以他的名字命名为"普林尼式喷发"。●

上午 10 时

❶ 生活如常

在城市里已经有 4 天都能够感受到震动。吊灯摇摆，家具移动，有些门框甚至都断裂了。由于这类现象大约每年都会发生 1 次，而且从没有发生过任何危险，所以庞贝城的居民们继续他们的正常生活。广场上挤满了人。伊希斯庆典在阿波罗神庙举行。

庞贝城的广场

这是这座城市的政治、宗教和商业中心。每天广场上都很热闹，很多居民来来往往，8 月 24 日那天也是如此。

下午 1 时

❷ 火山喷发

维苏威火山突然喷出大量的烟、熔岩和火山灰，大量火山喷发物向周围扩散，遮天蔽日。人们四处逃散，试图在屋内躲避。火山喷发引发的海浪很高，从海上逃生是不可能了。

猛烈的复苏

➤ 在内部积聚的压力导致其在公元 79 年喷发之前，维苏威火山已经有 800 多年没有活动了。人们把这次悲剧中绝大多数的死亡归咎于火山灰，火山灰掩埋了周围的部分居住区（除了赫库兰尼姆城、庞贝城，还有斯塔比伊城）。那次喷发产生了典型的普林尼式喷发的"燃烧云"：炽热的火山灰和气体火焰被喷发的压力以极高的速度喷射出来。悬浮的潮湿颗粒使得空气带电，引起了一次强烈的雷暴，闪电成为火山灰雨中的唯一一光源。从那以后，维苏威火山又发生了十几次重大喷发，最强烈的一次发生在 1631 年，造成了约 4 000 人丧生。世界上第一座火山监测站于 1841 年在维苏威火山设立。

火山灰的最大厚度约为

7 米。

庞贝城，意大利
纬度：北纬 40° 79′
经度：东经 14° 26′

到维苏威火山的距离	10 千米
公元 79 年时的人口	约 2 万人
目前人口	2.7 万人
火山灰散播距离（公元 79 年）	100 千米（东南）
维苏威火山的最近一次喷发	1944 年

下午 9 时

3 **灾难继续**
晚上，火山熔岩流的舌状前端显得更清楚了。第二天上午，厚厚的火山灰云遮住了太阳光，白昼如同夜晚。小普林尼的记录提到，

火山碎屑物在第二天上午仍然在持续落下，含硫气体继续排放，导致很多人死亡。许多人在海滩上寻找庇护所。直到 8 月 26 日，火山灰雨才开始逐渐散去。

1 第一次爆炸之后，烟柱开始垂直攀升。风将其吹向东南方。

岩石雨
火山喷发后不久，大量炽热的浮岩从空中落下。

2 火山灰的散播距离将近 100 千米，灰尘在城里持续下落。

3 8 月 25 日凌晨，火山碎屑流滚滚而下，涌入庞贝城。8 月 25 日上午 7 时 30 分左右，最后一波破坏性极大的火山碎屑流袭击了庞贝城，摧毁了几乎所有建筑的顶楼。这些碎屑的温度估计高达 550 ℃。

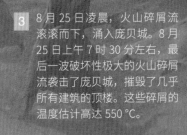

农牧神之家

在庞贝城的火山灰下发现了各类物品和人类尸体，这些物品和尸体都保存在灾难突然袭击时其所在的位置。这些宝贵的证据使专家们能够复原古罗马人的日常生活，此处展示的农牧神之家是庞贝城中最豪华的别墅之一。

奴隶们在厨房工作，厨房里的有些用具与我们今天使用的类似。

奴隶夫妻只能在花园里相见。

漏斗形状的屋顶用来收集雨水。

在中庭或天井接待寻求保护或帮助的客户。

农牧神的青铜像
这所房子的命名来自在房舍中庭发现的一座农牧神的青铜像。农牧神在过去被看作自然之神，能够预测未来。

瓷砖上装饰着尼罗河流域的植物和动物的图案。

这座住宅占地约3 000平方米。

精美的食物和饮料

古罗马人非常喜欢宴会。家庭晚餐通常在下午4时开始，有时会持续4个多小时。宴饮是件奢侈的事情，在吃饱喝足之前，没有人会离开。庞贝城的葡萄酒在古罗马很有名。葡萄酒储存在大罐子里，冲淡之后提供给就餐的客人。古罗马人有时候会在食物中添加调味品，一般包括蜂蜜和胡椒粉。

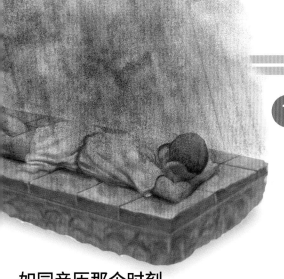

如同亲历那个时刻

　　1709 年，有人在火山灰下发现了庞贝城的一些古器物，从而开启了庞贝城的寻宝活动。但是直到 1864 年，资料的重现和保存才由朱塞佩·菲奥雷利开始实施。最令今天庞贝城遗址参观者（每年有大约 200 万游客）感兴趣的展品是菲奥雷利对尸体的复原。

在庞贝城的一家快餐店里

　　庞贝城里有多种类型的餐饮场所，从大街上的食品摊到提供奢华服务的店铺，应有尽有。这些场所满足了很多不同的社交目的，但主要是商人会面的地方。这些地方绝大多数是由奴隶（既有男性也有女性）经营管理的。

快餐店
典型的快餐店有长长的大理石桌面，桌面上嵌入容器，这样食物就能够保温。

200 个
这是庞贝城中餐饮场所的大致数量。

① 大灾难
有几具尸体被埋在火山灰之下，火山灰已经堆积了一层又一层，并慢慢硬化了。尸体已经腐烂，但是其形态已经固定在火山灰中了。

② 重建
菲奥雷利的工作就是用石膏浆填满这些自然的"坟墓"（火山灰模具）。当石膏浆硬化之后，去掉周围的火山灰层，留下的就是尸体的轮廓。

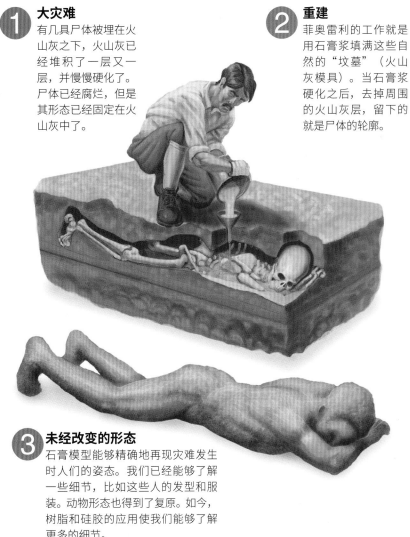

③ 未经改变的形态
石膏模型能够精确地再现灾难发生时人们的姿态。我们已经能够了解一些细节，比如这些人的发型和服装。动物形态也得到了复原。如今，树脂和硅胶的应用使我们能够了解更多的细节。

葡萄酒用小杯子提供给客人。

有些房间是娱乐场所的接待室。

快餐店提供的食物包括大量的坚果、橄榄、面包、奶酪和洋葱。

历史上的火山喷发

岩山喷发物能够摧毁整座城镇、整片森林，夺走成千上万人的生命。最著名的火山喷发事件可能要数发生在公元 79 年的维苏威火山喷发，那次喷发摧毁了庞贝城和赫库兰尼姆城这两座城市，扼杀了两座城市中的两种文化。在 20 世纪，培雷火山的喷发几分钟之内就将马提尼克岛上的圣皮埃尔城摧毁，瞬间就使该城的几乎全部居民丧生。各种迹象表明，火山活动也与气候变化密切相关。

公元 79 年

维苏威火山

意大利那不勒斯湾东侧

喷发物的体积	没有数据
死亡人数	1.6 万人
特征	活跃

公元 79 年维苏威火山喷发时，庞贝城和赫库兰尼姆两座城市被摧毁。直到喷发当天，当地人也没有想到那座山是火山，因为它已经有 800 多年没有活动了。小普林尼在他的一份手稿中声称他看到了火山是如何喷发的。他描述了气体和火山灰从维苏威火山上升起，很多人因为吸入了有毒气体而死亡（包括小普林尼的舅舅兼养父老普林尼，他在赶往救援灾民的途中吸入了大量含硫的毒气），这是最早的火山喷发记录之一。

火山和气候

有一种理论认为，气候变化和火山喷发相关，将两种现象联系在一起的观点是基于这样的事实：火山的爆炸性喷发会向大气平流层喷射大量的气体和细颗粒，在那里，这些气体和细颗粒围绕着地球散布，并可以存在数年之久。它们阻止了部分太阳辐射，降低了环绕地球的大气的温度。与火山活动相关的最著名的寒冷期或许是 1815 年坦博拉火山喷发后的一段时期。那年的冬季，北美洲和欧洲的一些地区极为寒冷。

卡拉帕纳

1991 年基拉韦厄火山喷发后，熔岩流到了这座小镇，并覆盖了其前进道路上的一切。

1783 年

拉基火山

冰岛

喷出熔岩的体积	120 亿立方米
死亡人数	1 万人
特征	非常活跃

此次喷发的绝大部分火山物质是通过山顶的裂缝喷射出来的。这些裂缝被称为裂隙。拉基火山的裂隙式喷发是冰岛规模最大的火山喷发，在 25 千米的范围内出现了 20 多个裂口。火山气体彻底破坏了草场，杀死了家畜，随之而来的饥荒夺走了 1 万人的生命。

1815 年

坦博拉火山

印度尼西亚

喷出火山灰的体积	1 500 亿立方米
死亡人数	10 万人
特征	层状火山

在连续冒了 7 个月浓烟之后，坦博拉火山喷发了，这次喷发的影响波及全球。火山灰云自喷发中心散播到 600 千米之外的地方，它是如此之厚，以至于很多地区连续 2 天都看不到太阳。火山灰雨覆盖的面积高达 50 万平方千米。这次火山喷发被视为有史以来破坏性最强的喷发，有 1 万多人在火山喷发时被夺走生命，8.2 万人死于火山喷发后的疾病和饥饿。

1883 年

喀拉喀托火山

印度尼西亚

喷发物的体积	250 亿立方米
死亡人数	3.6 万人
特征	活跃

虽然喀拉喀托火山以水蒸气和烟尘宣布其即将喷发，但是这些警告信号并没有避免一场灾难的发生，这场灾难使这里成了旅游景点。火山喷发时摧毁了大约 2/3 的岛屿。火山将浮岩喷射到 55 千米的高空，甚至越过了平流层。

1902 年

培雷火山

法属马提尼克岛

喷发物的体积	没有数据
死亡人数	3 万人
特征	层状火山

这座火山喷出来的灼热烟云、厚厚的火山灰以及炽热的熔岩将港口城市圣皮埃尔城彻底摧毁。更令人震惊的是，这次破坏活动仅仅持续了几分钟。火山释放的能量是如此巨大，以至于将树木连根拔起。圣皮埃尔城几乎所有人都丧生了，只有 3 名幸存者，其中 1 名得以幸存是因为他被关在了城市的监狱里。

1973 年

埃尔德菲尔火山

冰岛的赫马岛

喷发物的体积	没有数据
死亡人数	0

熔岩向前流动，似乎会摧毁其前进道路上的一切。当时火山学家认为应该将冰岛南端的赫马岛上的人进行疏散，但是一位物理学教授建议将海水浇在熔岩上，促使熔岩凝固或硬化。这次行动使用了 47 台水泵，历时 3 个月，用了 650 万吨水，阻止了熔岩继续前进，保住了港口。那次喷发自 1 月 23 日开始，直到 6 月 28 日才结束。

1980 年

圣海伦斯火山

美国华盛顿州

喷发物的体积	100 亿立方米
死亡人数	57 人
特征	活跃

这座火山也被称为美国的富士山。它在 1980 年喷发时，北坡发生大规模坍塌，山头被削去了 401 米。火山开始喷发的几分钟之后，熔岩从山上流下来，卷走了途经之处的树木、房屋和桥梁。那次喷发摧毁了整片森林，火山碎屑物使整个居住区遭到破坏。

1944 年

维苏威火山

意大利那不勒斯湾东侧

喷发物的体积	没有数据
死亡人数	2 000 多人
特征	一个喷发周期结束

这次喷发后，维苏威火山结束了始于 1631 年的喷发周期。这次以及 1906 年的喷发造成了严重的破坏。火山喷发引发的崩塌和火山弹导致 2 000 多人死亡。此外，1944 年的喷发是在第二次世界大战期间发生的，造成的破坏与 20 世纪初的那次喷发同样严重，这次喷发淹没了索马、马萨和圣塞巴斯蒂亚诺。

1982 年

埃尔奇琼火山

墨西哥

喷发物的体积	没有数据
死亡人数	2 000 人
特征	活跃

1982 年 3 月 28 日是星期日，在沉寂了 100 年之后，这座火山再次苏醒，然后于 4 月 4 日喷发。这次喷发造成周围地区 2 000 人丧生，并摧毁了 9 个定居点。这是墨西哥历史上最严重的火山灾害。

认识地震

虽然地震造成的影响取决于震级、震源深度和与震中的距离，但是地震会从各个方向晃动地面。地震产生的波状运动非常强烈，能导致地球表面发生弯曲变形，从而造成建筑倒塌，就像在洛马普列塔所发生的那样。在山区，地震之后随之而来的可能是

洛马普列塔
1989 年 10 月 18 日发生了一次里氏 7.1
级地震，震中位于洛马普列塔，旧金山以
南 85 千米。这次地震造成了巨大破坏，
包括使海湾大桥部分坍塌。

塌方和泥石流，而在海洋地区，则可能形成海啸，
巨大的海浪袭击海岸，力量之大足以摧毁整座
城市。2004 年 12 月印度尼西亚就曾经发生过

这种灾难，那场海啸在泰国造成了历史上最多
的游客死亡人数，80% 的旅游区被摧毁。●

深层断裂

由于地球的各个板块处于不断运动中，因此板块彼此相撞、滑过，甚至在有些地方一个板块会运动到另一个的上面，板块相互作用的边界是全球大地震发生最集中的区域。地壳并不会对其内部所有的运动都发出预告信号。这些运动在岩石内部积聚能量，直到其产生的张力超过岩石所能承受的程度时，能量会从地壳最薄弱的地方释放出来，这会导致地面的突然移动，引发地震。●

1 **前震**
前震是小规模的地震，可以提前数日甚至数年预警一次大地震。前震的力量足以移动一辆停放的车辆。

地球的"脉搏"
地球上每年大约要发生大约 500 万次地震，它们就像是地球的"脉搏"。绝大多数地震人们是感受不到的。

地球平均每年发生的地震次数

里氏震级	数量
8 级及以上	1 次
7~7.9 级	18 次
6~6.9 级	120 次
5~5.9 级	800 次
4~4.9 级	6 200 次
3~3.9 级	4.9 万次

2 **余震**
余震是在主震之后可能发生的新的地震活动。有时候，余震的破坏力甚至比主震本身更大。

震中
地球表面位于震源正上方的点。

震源
底层的断裂点，也就是局部地壳运动的起源点。震源可以深达地下 700 千米。

南阿尔卑斯山

阿尔卑斯断层

7.05 级

7.65 级

平原

断层面
多数情况下，断层面是曲面，而不是呈平直状态。这种不规则性使运动的板块相互碰撞，引发地震。

地层褶皱
这是板块之间张力积聚的结果。地震释放出一部分由于造山运动产生的张力。

地震的缘起

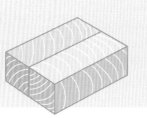

1　产生张力
板块向相反的方向运动，沿断层面滑动。在断层上的某一特定点，两个板块碰撞到一起，板块之间的张力开始增大。

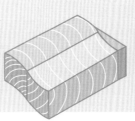

2　张力对阻力
即使板块没有移动，断层位移的力量仍然很活跃，因此张力继续增大。靠近边缘的岩层变形、开裂。

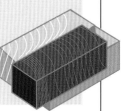

3　地震
当岩石的阻力被克服之后，岩层断裂并突然移动，造成地震，特别是在转换断层的边缘地带。

3 主震
主要的运动或震动持续几秒到上百秒，此后能够在震中附近的地形上看到一些变化。

新西兰

纬度：南纬 42°
经度：东经 174°

面积	27 万平方千米
人口（2022 年 3 月）	512.7 万人
人口密度	19 人每平方千米
每年发生的地震次数（4.0 级以上）	60~100 次
每年发生的地震总次数	1.4 万次

南岛

特卡波湖

由于板块沿着断层面运动，河床沿着弯曲的路径发生变形。

北岛

潜在的地震带

6.10 级

地震波
地震波以往复运动的方式将地震的力量传送到很远的地方。随着距离的增加，强度逐渐降低。

25 千米
这是南岛下面地壳的平均厚度。

印度 - 澳大利亚板块

南岛

太平洋板块

阿尔卑斯断层

新西兰的阿尔卑斯断层
如剖面图所示，南岛被一个大断层分为两部分。这个断层改变着不同地区的俯冲方向。在北面，太平洋板块以每年 4.4 厘米的速度向印度 - 澳大利亚板块下面下沉；在南面，印度 - 澳大利亚板块以每年 3.8 厘米的速度向太平洋板块下面下沉。

对这座岛屿未来形状变化的预测

南岛西部的一个平原在过去 2 000 万年的时间里向北移动了将近 500 千米。

200 万年后　　**400 万年后**

弹性波

地震能量是一种波动现象，与一块石头掉进池塘引起的水波的效果类似。地震波从震源向各个方向辐射。地震波在穿越坚硬的岩石时速度较快，而通过松散的沉积物和水时速度比较慢。可以将地震波产生的力量分解成更简单的形式，以便研究它们带来的影响。●

不同类型的波

地震波可分为两种类型：体波和表面波。体波在地球内部穿行，传导前震，破坏力很小。体波可以分为初波（地震纵波，P 波）和次波（地震横波，S 波）。而表面波只在地球表面传播，但是由于它们在所有方向上都产生振动*，因此会引起更严重的破坏。

➡️ 地震波方向
➡️ 岩石颗粒振动

震源
振动从震源向外扩散，晃动岩石。

3.6 千米 / 秒
次波的速度只有初波速度的约 10/17。
次波只经由固体传播，能够造成分裂运动，但是不会对液体造成影响。传播次波的介质质点振动方向与波的前进方向垂直。

6 千米 / 秒
这是地壳中初波的一般速度。

初波可以穿越所有类型的介质，而传播它的介质质点振动方向和波的传播方向一致。

初波前进道路上的地面交替受到挤压和拉伸。

初 波

这是一种高速波，沿直线传播，并挤压和拉伸它们穿越的固体和液体。

初波在不同介质中的传播速度

介质	花岗岩	玄武岩	石灰岩	砂岩	水
传播速度（米 / 秒）	5 200	6 400	2 400	3 500	1 450

* 在描述较小物体、波、机械系统等能持续一段时间的有规律的往复运动时，通常用振动，而震动通常是指较大物体受到外力作用后不规律的颤动。

表面波

当初波和次波到达震中时，表面波出现在地表。表面波的频率较低，对固体造成的影响更大一些，因此破坏力也更强。表面波主要分为瑞利波和勒夫波。

3.2 千米/秒

这是表面波大致的传播速度。表面波只沿着表面传播，速度大约是次波的90%。

瑞利波
瑞利波以上下运动的方式传播，与海浪类似，能够拉伸地面，引起与波前进方向垂直的断裂。

地面以**椭圆模式**运动。

地面向两个方向运动，与波的前进路径**垂直**。

勒夫波
勒夫波在传播时，介质质点的振动方向垂直于波的传播方向，而且位于水平面内。其振幅较大，极具破坏性。

次波

次波在移动时上下左右晃动岩石。

次波在不同介质中的传播速度

介质	花岗岩	玄武岩	石灰岩	砂岩
传播速度（米/秒）	3 000	3 200	1 350	2 150

地震的类型

虽然地震一般会产生所有类型的地震波，但是其中有些波可能占主导地位。这样就可以根据地震波主要造成垂直运动还是水平运动来对其进行分类。震中的深度也会影响其破坏力。

根据运动类型划分

震颤
靠近震中，垂直运动的力量大于水平运动的力量。

摆动
当地震波到达软土层时，水平运动的力量就会增强，其运动形式被称为摆动模式。

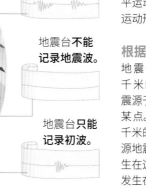

根据震源深度分类
地震一般源于地下5~700千米的某些点。90%的地震源于地下100千米之内的某点。震源在地下70~300千米的地震是中源地震，浅源地震（通常震级更高）发生在这层之上，而深源地震发生在这层之下。

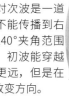

初波和次波的轨道

地球的外核对次波是一道屏障，使其不能传播到右图中105°~140°夹角范围内的任何点。初波能穿越地核传得更远，但是在后面可能会改变方向。

➡ 初波
➡ 次波

震中
地幔
地震台记录**两种地震波**。
地震台**不能记录地震波**。
地震台**只能记录初波**。
内核
外核
105°
105°
140°
140°

美国加利福尼亚州

纬度：北纬 37° 46′
经度：西经 122° 13′

面积	42.4 万平方千米
受损范围	110 千米
人口（2022 年 5 月）	约 3 920 万人
每年发生地震次数	
（4.0 级以上）	15~20 次
死亡人数	63
震级（里氏）	7.1

能量爆发

地震的能量之大甚至可以和原子弹相比。此外，地震波与地面物质之间的互动也会导致一系列的物理现象，能够加强地震波的破坏能力。例如 1989 年在美国加利福尼亚州的洛马普列塔发生的一次地震，就产生了这样的作用，导致一段州际公路垂直坠落到了地面。

公路

不同的地面类型对地震的反应也不同。右图的这些读数显示了同一次地震在成分不同的地面中可以产生的不同强度的力量。880 号州际公路倒塌部分（长约 1.4 千米）是在旧金山湾的泥地上建设的。

地震仪读数

岩石

泥地

决定地震影响的因素

内在因素
震级
地震波的类型
震源深度

地质因素
距离
地震波的传播方向
地形
地下水饱和度

社会因素
建筑的质量
居民的防备程度
地震发生的时间

**4 级地震 =1 000 吨
TNT（三硝基甲苯）
释放的能量**
里氏 4 级地震释放的能
量相当于引爆一颗小当
量原子弹。

**7 级地震 =3 200 万吨
TNT 释放的能量**
里氏 7 级地震释放的能量相当
于引爆一枚高当量的氢弹，比
如 1995 年在日本的兵库县南部
发生的地震。

**12 级地震 =1 000 万亿吨
TNT 释放的能量**
假设发生里氏 12 级的地震（已知发
生的最强烈的地震为里氏 9.5 级），
那么其释放的能量相当于将地球劈
为两半所需的能量。

地震液化

地震能够将一些原本的稳定的土体转化为失稳的混合液体。当
固体颗粒悬浮在液体中时，土壤就失去了承重能力，因此在其
上方的建筑就会下沉，就像建在流砂上一样。建筑的下沉转换
了部分水的位置，使之上升到地面。

直接和间接影响
地震带来的直接影响可以
在断层处感受到，但很难
在地表看到。地震的间接
影响源自地震波的传播。
在日本阪神大地震（也称
神户大地震）中，断层在
淡路岛造成了一条深达 3
米的裂隙。间接影响与地
震液化相关。

水将土壤
液化

重力　建筑

1 土壤是紧密的，虽然其中含有水分。

2 在地震时，水分导致固体颗粒晃动。

3 固体结构下沉，水上升。

下沉

地震测量

查尔斯·里克特
（1900—1985）
美国地震学家。他开发
了以他的名字命名的里
氏地震烈度表。

地震的能量、持续时间和位置是可以测量的，人们已经开发了很多科学仪器来进行这些测量。地震仪可以测量这三个参数，里氏地震烈度表能够描述一次地震的力量或强度。当然，地震造成的破坏可以通过很多方面进行统计，如受伤、死亡或无家可归的人数，财产损失和重建成本，政府和企业支出，保险赔偿，学校停课天数，以及其他很多方面。

烈度（强度）

指地震对地面造成的破坏程度。

修订的麦加利地震烈度表

1883—1902 年，意大利火山学家朱塞佩·麦加利开发了一种测量地震强度的烈度表。这个烈度表原来只有 10 个等级，根据所观察到的地震活动的影响确定，后来被修改成了 12 个等级。前面几级是人类难以觉察或刚刚可觉察到的震动，最高等级适用于破坏建筑的地震。这种烈度表广泛用于比较不同地区的受损害程度。

①

只有地震仪能够测量到的震动。

动物变得焦躁不安。

②
挂着的物体可能会摆动。

③
建筑的内部都在震动。

室内的人能够感觉到震动。

墙壁吱吱作响。

停放的车辆前后晃动。

④

树木摇晃。

⑤
玻璃窗破碎。

门窗晃动。

教学楼的钟响起。

里氏地震烈度表

1935 年，地震学家查尔斯·里克特设计了一种衡量地震仪记录的最强地震波振幅的地震烈度表。这个烈度表的一个重要特点是震级呈指数规律。烈度表上的每个点代表的振幅是下面一级的 10 倍，能量是下面一级的 32 倍。2 级和 2 级以下的地震人类感觉不到。这是世界上应用最广泛的地震烈度表，利用它可以比较地震力量及其带来的影响。

震 级

用来表示地震中释放的能量。本书中如无特别标注，采用的均是里氏震级。

2
只有地震仪能够测量到。

2.5
很少人能够感觉到震动。

3.5
可以感觉到震动，只造成很小的破坏。

4.0
绝大多数人意识到发生了地震。

5.5
有些建筑遭到严重损坏。

朱塞佩·麦加利
（1850—1914）
意大利火山学家。他制定了麦加利
地震烈度表，其修订版沿用至今。

欧洲 98 版地震烈度表
自 1998 年起，欧洲 98 版地震烈度表开始在欧盟国家和其他一些国家
使用，包括非洲北部的一些国家。这个烈度表描述了发生在欧洲环境
的地震的强度，在那里，很多古老建筑与现代建筑并存，地震可能会
产生各种各样的影响。这个烈度表有 12 个等级。

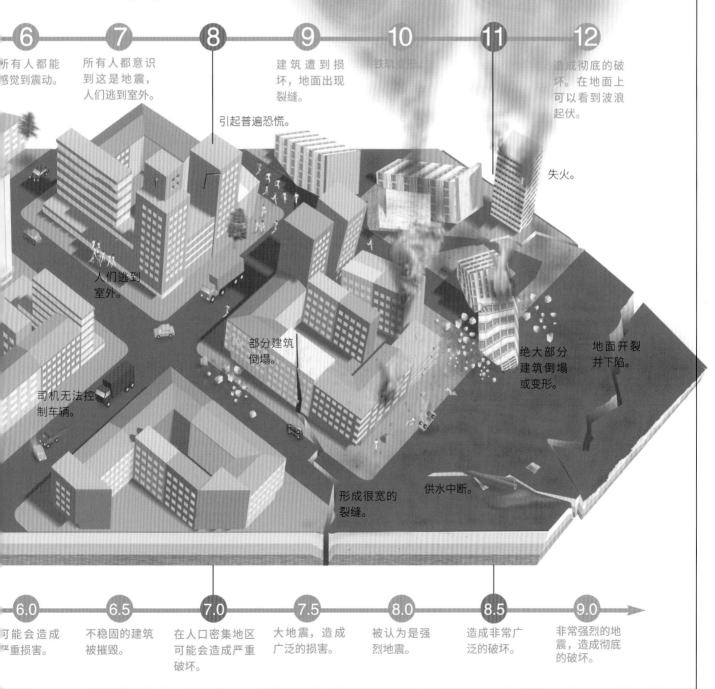

6 所有人都能感觉到震动。

7 所有人都意识到这是地震，人们逃到室外。

8 引起普遍恐慌。

9 建筑遭到损坏，地面出现裂缝。

10 铁轨变形。

11

12 造成彻底的破坏。在地面上可以看到波浪起伏。

失火。

人们逃到室外。

部分建筑倒塌。

司机无法控制车辆。

绝大部分建筑倒塌或变形。

地面开裂并下陷。

形成很宽的裂缝。

供水中断。

6.0 可能会造成严重损害。

6.5 不稳固的建筑被摧毁。

7.0 在人口密集地区可能会造成严重破坏。

7.5 大地震，造成广泛的损害。

8.0 被认为是强烈地震。

8.5 造成非常广泛的破坏。

9.0 非常强烈的地震，造成彻底的破坏。

愤怒的海洋

大地震或者火山喷发可能会引起海啸。海啸在日语里的意思是"海港里的海浪"。海啸的前进速度非常快，可超过 800 千米 / 时。在到达浅水区时，海啸减速，但是高度会增加。海啸在到达海岸时可以形成 10 米高的水墙。海浪的高度部分取决于海滩的形状以及沿海水深。如果海浪到达旱地，会淹没大片地区，并造成很大的损害。1960 年发生在智利沿海的一次地震引发了海啸，它席卷了南美洲沿岸 800 千米范围内的社区。22 小时后，海浪到达日本，破坏了沿岸的城镇。●

英语中海啸 (Tsunami)
这个词来自日语。

TSU　NAMI
海港　海浪

①

地震
海底运动带动了巨大体量的海水上升。

海啸是如何发生的

发生在海底的地震可能会导致海洋表面水域产生震动。此种震动绝大多数情况下是由洋壳的一部分向上或向下的运动引起的，其运动会带动大量的海水随之一起移动。火山喷发、陨石撞击或者核爆炸也会引发海啸。

90%
——是板块运动造成的。

10%
是其他原因造成的。

上升的板块

水平面上升　　　水平面下降

下沉的板块

移位的海水会恢复原来的水平，产生的力量引发海浪。

7.5 级

高于里氏 7.5 级的地震能够产生足以造成灾害的海啸。

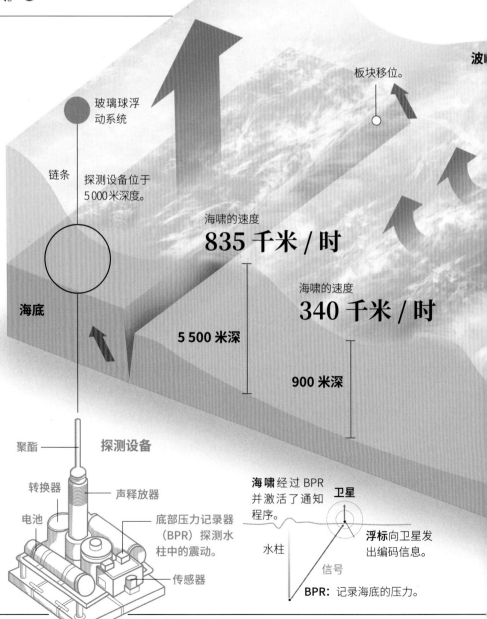

玻璃球浮动系统

链条

探测设备位于 5 000 米深度。

海底

板块移位。

波

海啸的速度
835 千米 / 时

海啸的速度
340 千米 / 时

5 500 米深

900 米深

聚酯

探测设备

转换器

电池

声释放器

底部压力记录器 (BPR) 探测水柱中的震动。

传感器

海啸经过 BPR 并激活了通知程序。

卫星

水柱

浮标向卫星发出编码信息。

信号

BPR: 记录海底的压力。

当海浪击打海岸时

A **海平面下降得异常低**
海水被上升的海浪从海岸边"吸走"。

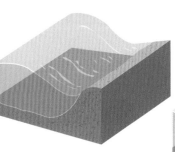

B **巨浪形成**
在其最高点，海浪几乎可以与地面垂直。

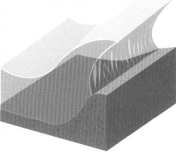

海浪规模比较

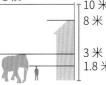

10 米
8 米
3 米
1.8 米

大海啸产生的海浪高度可达

10 米。

C **海浪沿海岸减弱**
海浪的力量在拍击海岸时得到释放。

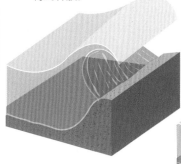

D **岸上发生水灾**
海水可能需要数小时甚至数日才能恢复到正常水平。

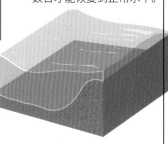

2

形成海浪
当这团海水下降时，海水开始震动。但是，海浪只有 0.5 米高，轮船可以轻松通过，船员甚至都不会注意到。

波谷

波峰

海浪的长度
在开阔水域，海浪的长度为 100~700 千米，即两个相邻波峰之间的距离。

3

海浪向前移动
海浪可以行进数千千米而不减弱。当靠近岸边海水变浅时，海浪彼此靠得更近，同时也涨得更高。

4

海啸
在到达海岸时，海浪的前进道路受阻。海岸就像坡道，将海浪的所有力量都转向上。

沿岸的建筑可能会受到损坏或被摧毁。

海啸的速度
50 千米 / 时

在海啸到达前的 5~30 分钟，海平面突然降低。

20 米深

大灾之后

这 张图片显示了泰国西南部沿海地区攀牙府拍摄的卫星图像。这张照片是在2004年12月26日发生巨大海啸3天之后拍摄的。那次海啸是欧亚板块和印度 - 澳大利亚板块在临近印度尼西亚处相撞引起的，这次相撞引发了40年来最猛烈的海底地震。

1 000 人

这条东度假想区已经一片狼藉。海啸到达内陆的距离超过1千米，夺取了海岸数良浪潮席卷，摧毁了80%的旅游设施。

2004年12月29日

仅在这一个地区，海啸就造成了约1 000人死亡。

此次海啸在泰国造成的游客死亡人数最多。

被海浪卷走的很多东西都堆在了海滩上。

海岸线遭到毁坏。

海啸发生之前的海岸线

潘卡朗角沿岸地区的热带雨林被卷走。

大灾难之后，河流的水位上涨了。

河口被彻底堵塞。

蓝色村庄度假村

南海潘卡朗

潘卡朗海滩别墅

棕榈广场度假村

潘卡朗角

竹兰花度假村

泰国

纬度：北纬16°
经度：东经100°

面积	51.3 万平方千米
人口（2021年）	约 7 000 万人
人口密度	136 人每平方千米
海啸造成死亡人数	5 248 人
海啸中失踪人数	约 3 000 人

安达曼海
泰国
地震的震中
印度洋
哈克海滩
被海浪淹没的地区
1 000~1 500 米
很多海滩失去了它们所有的沙子。
索菲特魔术潟湖度假村
大钻石温泉度假村
台普特柔潟湖度假村
比例尺
0
500 米
2003 年 1 月 13 日
那次灾难发生之前将近 2 年：大面积生机勃勃的植被，美丽的白色沙滩，一排排的建筑，它们提高了这个旅游中心的自然吸引力。
上午 10:00
这是海浪袭击海滩的时间。

印度洋

表面积	7 340 万平方千米
占地球表面积的比例	14%
占海洋总体积的比例	20%
2004 年海啸影响的国家	21 个

持续时间

此次大地震的震动持续了 8~10 分钟，为有记录以来的最长时间之一。海浪经过 6 小时到达数千千米之外的非洲。

起因和影响

2004 年 12 月 26 日，发生了一次里氏 9.3 级地震，这是自 1900 年以来的第二大地震。震中距印度尼西亚苏门答腊岛西海岸 160 千米。这次地震引发的海啸袭击了印度洋所有海岸。苏门答腊岛和斯里兰卡岛遭受了最严重的灾难。印度、泰国和马尔代夫也遭受破坏，远至非洲的肯尼亚、坦桑尼亚和索马里都有受害者。

阿拉伯板块

印度
18 045 人死亡

维沙卡帕特南

1 厘米 / 年

印度 - 澳大利亚板块

班加罗尔

科钦   金奈

普摩多尔

索马里
289 人死亡

拜蒂克洛

科伦坡

马特勒

肯尼亚
1 人死亡

马尔代夫
108 人死亡

斯里兰卡
35 322 人死

坦桑尼亚
13 人死亡

3 小时

4 小时

5 小时

6 小时

印度洋

非洲板块

第一波海浪的速度为

800 千米 / 时

7:58
发生海啸的当地时间（格林尼治时间 00:58）。

受害者
这张地图上标出了各国的死亡人数（确认死亡人数和失踪人数相加），并由此计算出了总死亡人数（不同的统计结果有差异）。此外，这次海啸迫使 160 万人被疏散。

估计总死亡人数高达
23 万人。

其中 30% 为儿童。

图例
○ 受影响较大的一些地区
➡ 板块以不同速度运动
🔴 *n小时* 海浪到达对应虚线位置所需的时间
- - - 海浪运动

孟加拉国
2 人死亡

达卡

曼德勒

缅甸
600 人死亡

仰光

加尔各答

欧亚板块

亚洲

菲律宾板块

太平洋

孟加拉湾

曼谷

泰国
8 212 人死亡

印度尼西亚
167 736 人死亡

普吉岛

马来西亚
74 人死亡

太平洋板块

班达亚齐

10 厘米/年

1.0 厘米/年

苏门答腊岛

1.0 厘米/年

1 小时

震中
北纬 3° 18′
东经 95° 47′

震级 9.3 级
后来发生了多次余震，最高达 7.3 级。

苏门答腊岛

班达亚齐

20 秒钟

1 海底地震
造成海底 30 千米以下的板块边缘发生 15 米的位移。

震源

8 分钟

海啸的前进

➡ 澳大利亚的一座地震监测站监测到了地震运动。这次地震后来引发了巨大的海啸，高达 10 米的巨浪袭击了最近的海岸线。一个多小时后，海啸到达斯里兰卡和泰国。海啸共有 7 个波峰，到达海岸的时间间隔为 20 分钟。当数小时后海啸到达非洲时，海浪已经大大地减弱了。

2 海浪开始形成
在震中西北和东南方向形成大浪。

24 分钟

海浪到达陆地。

3 第一波冲击
10 米高的海浪摧毁了印度尼西亚的班达亚齐，海啸侵入内地的纵深达 4 千米。

地震灾害的研究与预防

 于存在很多的变量，而且没有任何两个断层系统是相同的，因此预测地震非常困难。这就是为什么高地震风险地区的人们制定了一系列的策略，来帮助大家掌握发生地震时该如何行动的知识。例如，美国加利福尼亚州和日本都是人口稠密区，这些地区的建筑设计如今都根据稳定的建筑模型来进行，这样的方式挽救了很多人的生命。

北岭地震
1994 年，美国加利福尼亚州北岭市发生了 6.7 级地震，造成大约 60 人死亡以及约 400 亿美元的经济损失。

那里的孩子们在学校定期接受培训，进行避险实践演练，知道到哪里寻求保护。专家在试图了解地震成因的同时，了解到了很多关于地震的知识，但是他们仍然不能准确预测什么时候会发生地震。●

风险地区

研究发现，地震的发生与活动断层有密切的关系，而地球上有无数这样的断层。这些断层在靠近山脉和洋中脊的地区尤为常见。不幸的是，很多人口稠密区就建立在离这些危险地带不远的地方，当发生地震时，那里就会变成灾区。在板块相撞的地区，发生地震的风险更高。●

亚洲

6.8 级
神户，1995 年
神户市以及周围村庄在 30 秒内就被摧毁了。

9.2 级
阿拉斯加州，1964 年
地震持续了 3~5 分钟，引发的海啸导致 122 人死亡。

太平洋

印度 - 澳大利亚板块

山脉

海沟

太平洋板块

太平洋板块

俯冲带

菲律宾板块

8.3 级
旧金山，1906 年
地震与大火摧毁了这座城市。

太平洋板块

8.1 级
墨西哥，1985 年
2 天后发生了一次 7.6 级余震，共有 1.1 万人死亡。

太平洋

9.3 级
苏门答腊岛，2004 年
印度洋发生海啸。苏门答腊岛附近发生的地震产生了高达 10 米的巨浪，造成大量人员伤亡。

马里亚纳海沟
地球上最深的海沟，最深处为海平面以下 11 034 米。这条海沟位于北太平洋西侧，马里亚纳群岛以东。

科科斯和加勒比板块
这两个板块之间的接触方式为聚合型：科科斯板块向加勒比板块下方运动，这就是我们所知的俯冲现象。这种现象会导致大量的地震和火山活动。

科科斯板块

加勒比板块

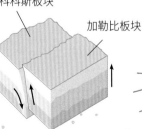

印度洋

印度 - 澳大利亚板块

印度 - 澳大利亚板块

新西兰的阿尔卑斯断层
一个大断层，其对应的两个大板块相对滑动。这是一种特殊的断层，称为转换断层。

南极洲板块

太平洋板块

最脆弱的地区

地震是不可预知的，而且是破坏性最大的自然现象之一。地震晃动地球，撕开并移动地表。在人口密度高且地震活跃的地区，突如其来的大地震能够在几秒钟之内把一座平静的城市变成最严重的灾区，但是在空旷地区，地震的影响就小得多。因此我们可以总结说，地震中的伤亡主要是由建筑的倒塌造成的。

欧亚板块

亚洲

乌拉尔山脉

6.8 级
亚美尼亚，1988 年
这次地震摧毁了斯皮塔克这座城市，夺走了 2.5 万多人的生命。

7.6 级
克什米尔，2005 年
这次地震造成 8 万人伤亡，以及 6 亿多美元的财产损失。

喜马拉雅山脉

8.7 级
葡萄牙里斯本，1755 年
地震造成 6 万多人死亡，之后紧接着发生了海啸。

欧洲

阿尔卑斯山脉

高加索山脉

北美洲

北美板块

大西洋

大西洋

非洲

非洲板块

阿拉伯板块

7.5 级
伊朗，1990 年
造成 6 万多人死亡。这是 20 世纪伊朗发生的最猛烈的一次地震。

印度 - 澳大利亚板块

印度洋

中美洲

加勒比板块

斯

非洲板块和阿拉伯板块
阿拉伯板块原本是非洲板块的一部分，当两个板块分开时，形成了红海。目前红海仍在不断扩大。

南美板块

纳斯卡板块

安第斯山脉

洋中脊

海沟

洋中脊

洋中脊
由板块位移形成的海底山脉，构造运动活跃。这些山脉是世界上最长的山脉。

软流圈

南美板块

非洲板块

9.5 级
智利，1960 年
有记录以来的最强烈的地震；5 700 人死亡，200 万人流离失所。

南极洲板块

斯科舍板块

南极洲板块

图例
▲▲▲ 会聚边界
╫ 大洋断层
⋯⋯ 转换断层
⟶ 大洋断层的运动和方向
— 断层的运动和方向
🌀 重要地震
■ 地震区
■ 受灾区

精密仪器

地震的破坏潜力使人类社会产生了研究、测量和记录地震的需求。地震仪能够捕捉物质的震动，并将其转化成可以测量和记录的信号。研究人员通常以 3 台地震仪对一场地震进行分析，每台地震仪在指定位置对某一特定方向的震动进行记录。这样，一台地震仪探测从北向南发生的震动，一台探测从东向西发生的震动，而第三台探测垂直震动（上下震动）。利用这 3 台仪器，就可以重现一次地震。●

历史上的地震仪

现代地震仪配有数字系统，可以最大程度地确保精确度，其传感器依然根据移动机械部件的地震能量测量地震，这与世界上第一台评估地震的仪器原理相同。第一台地震仪是由中国数学家在大约 1900 年前发明的地动仪。从那时开始，地震测量仪器日趋完善，直到今天。

地动仪工作原理 当地震发生时，机关随之震动。"龙"衔着小球，与杠杆连接，保持着微妙的平衡。*

地震波 ←

1950 年
便携式地震仪
这种地震仪结构坚固，可以安放在野外。这个模型将运动转化为电子脉冲，因此信号可以传播一定的距离。

公元 132 年
张衡的地动仪
中国科学家张衡发明了世界上最早的地震仪，其形似酒樽，周围有龙形装饰。地震运动发生时，那个方向的小球会从龙嘴里落到蛤蟆嘴里。这类地震仪的一些模型有 2 米高。

张衡（78—139）
中国数学家、天文学家和地理学家，他还发明了里程计（记里鼓车），计算出圆周率是 10 的平方根（约 3.16），并对历法进行了修正。

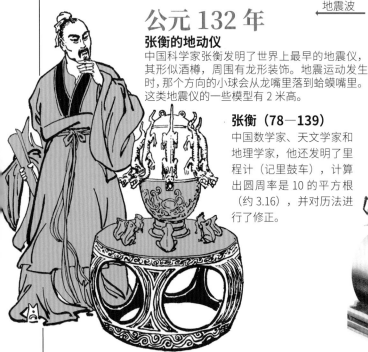

1906 年
博世 - 大森地震仪
这是一种水平摆式地震仪，带有一支笔，可以直接在纸上做记号。利用这种仪器，日本科学家大森记录了 1906 年发生在旧金山的地震。

---

* 本页地动仪工作原理的图片仅为示意，张衡的地动仪周围有 8 个龙头，对应 8 只铜蛤蟆。

1980 年

威尔莫（便携式）地震仪

在这种管状的仪器里，敏感物质随着地震活动的节奏发生震动和移动。电磁体将这种震动和移动转化为电信号，电信号被传送到记录数据的计算机。

地震学的先驱们

现代地震学的定义原则是随着把地震与各大陆的运动联系起来而问世的，但这种认识在进入 20 世纪多年后才达成。然而，从 19 世纪开始，很多学者已对此做出了不可或缺的贡献。

罗伯特·马利特
（1810—1881）
来自爱尔兰都柏林。在亲身经历地震之前，就对地震传播速度做过重要研究。

地震图
在纸带上记录的振幅。

约翰·米尔恩
（1850—1913）
英国地质学家和工程师，创造了水平摆式地震仪，他是现代地震学的先驱，并将地震与火山作用联系起来。

理查德·奥尔德姆
（1858—1936）
英国人，于 1906 年发表了一份关于地震波传输的研究，在此项研究中他还提出了存在地核的观点。

弹簧
能让枢轴和物质做垂直运动。

枢轴

振荡铅笔
跟随被设备放大的震动有节奏地移动。

转鼓
以精确的恒速移动纸卷。

时钟和记录器
接收信号，与之同步，并转换信号。

悬挂物
根据地震波的方向移动，移动幅度与地震波的强度成比例。

水平运动

运动传感器
支撑悬挂物的架构产生位移并且挪动了电磁体内的一部分。电磁场产生的变化转化成电信号。

地震仪的工作原理

地球震动使充当传感器的物块产生运动。将连接悬挂物的枢轴用铰链连接起来，只允许它在一个方向运动：水平或垂直。这些运动被转换为电信号，以供处理和记录。

地面的微小震动会使基座产生较大的摆动。

连接电缆
传输产生的电信号。

水平运动

悬置程度越高，设备的敏感性就越强。

无休止的运动

历史上人类一直试图找到预测地震的方法。现在，人们建立地震监测站，在野外架设各种收集信息的探测仪器，并与其他地方的科学家发出的数据进行比较。根据这些记录，就有可能评估大地震发生的可能性，从而采取相应的措施。●

从远处观察

地震学家在可能发生地震的地区的断层线上架设仪器，然后在地震监测站汇编野外设备采集的信息，这样就可以注意到该地区发生的重大变化。如果有发生地震的迹象，就会启动应急预案。这些仪器中的绝大部分都是自动运行的，通过电话系统传送数字数据。

记录器

发送器

岩石圈

地震计

地震计
地震仪的传感器部分，记录振动的振幅以及振动产生的方位。地震计甚至可以监测到最微弱的振动。有些地震计是以太阳能驱动的，比如右图的设备。

地震计的工作
位于地下的传感器装置的运动被转化为电信号，并被传送到地面的接收模块或者计算机。

GPS 系统
GPS 接收机接收卫星信号，并将信号传输到地震监测站。由于这些信号记录了接收机的准确位置，伴随着时间的流逝，它们的任何位置变化都说明地壳发生了运动。

地震台网

如果各个地震监测站孤立地工作，它们产生的信息便无法分享，这样即使安装了复杂的监测系统也作用不大。因此，人们建立了全国性和国际性的地震台网，利用通信技术将观测结果传送到那些可能受到影响的地区。

网络互联
一个地区的研究结果可能对很远的地方产生影响。数据的即时传输为联网工作提供了可能。

卫星
有些卫星被用于 GPS 系统，而其他的一些卫星也非常重要，因为它们可以拍摄包含精确信息的照片，并可以向基地迅速传送信号。

实验室
研究中心的网络支持对数据进行比较，从而提供全球性的视野，加强了科学预测的能力。

磁力仪
当岩石间的张力发生变化时，地球的磁场也会发生变化。因此，磁场的变化可以代表构造运动。磁力仪可以从其他更普遍的变化中区分出这些变化。

蠕变仪的安装
要测量断层两边的相对运动，需要固定 2 根柱子，在断层的每侧各立 1 根，埋入地下 2 米深，或超过混凝土基座的深度，并使其形成一定的角度（但不能是直角）。

蠕变仪
测量断层两边移动的距离。蠕变仪包括一个张力系统和一个校准设备。仪器两端之间的任何运动都会改变磁场。

平整的地面　　电缆架　　断层　　平整的地面

地震尚无法准确预测

一个可以接受的预测系统必须是准确的和可信赖的。因此，此类系统对地震发生的位置和时间的不确定性必须很低，必须尽量减少失误和错误的警报。如果系统做出虚假警报，将会造成数以千计的人被疏散，还要为他们提供住宿，补偿他们的时间和工作损失，付出的代价是无法弥补的。目前尚没有值得信赖的地震预测方法。

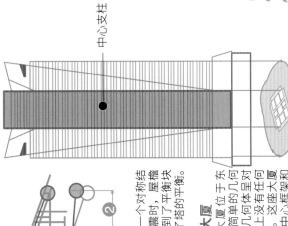

地上54层
高238米

稳定的建筑

位于地震区的城市，其建筑的设计和建造必须考虑抗震结构，以使建筑能够承受地震造成的运动。地基受地震造成的运动产生的能量。有的建筑有大型的金属梁柱，环绕着金属轴的各楼层可以小范围摆动，但是不会倒塌。目前人类所掌握的关于地震对建筑结构的影响以及不同材料性能方面的知识，足以建造相对坚固的建筑。●

为什么日本的塔没有倒

日本的一些塔在数个世纪以来发生的地震中都得以幸存。本页左下方展示了其中一座5层高的塔，此建筑的上部比下部小。塔由一根中心支柱支撑起来，这是唯一的支撑物。在地震中，每一层都保持独立的平衡，不会向其他层传递振动力。

中心支柱

六本木新城
日本东京
纬度：北纬36°
经度：东经140°

建筑面积	78万平方米
楼层	地上54层（地下6层）
宽度	84米
高度	238米

摆动原则
塔的每层还有一个对称结构。在发生地震时，屋檐相对的两端起到了平衡块的作用，保持了塔的平衡。

六本木新城大厦
六本木新城大厦位于东京，其结构由简单的几何体构成。这些几何体呈对称分布，形状上没有任何不规则的地方。这座大厦由一个厚重的中心框架和一个轻型、柔性的外部框架组成。

第五层
第四层
第三层
第二层
第一层
中心支柱

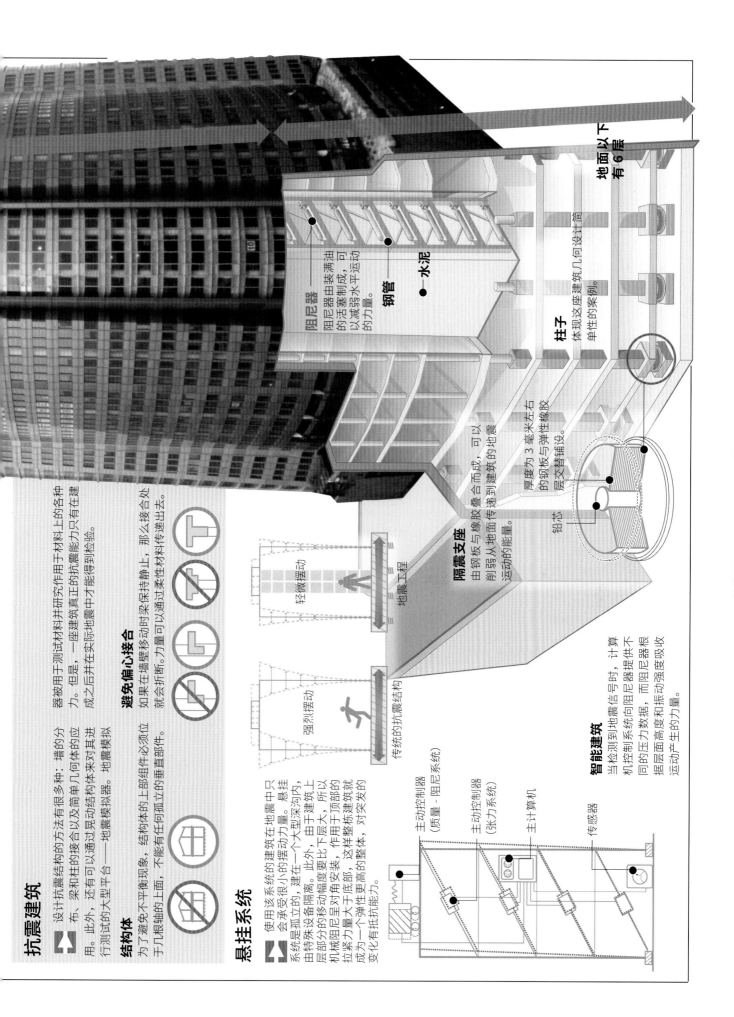

抗震建筑

设计抗震结构的方法有很多种：墙的分布。此外，还有可以通过晃动结构体来对其进行测试的大型平台——地震模拟器被用于测试材料并研究作用于材料上的各种力。但是，一座建筑真正的抗震能力只有在建成之后并在实际地震中才能得到检验。

结构体

为了避免不平衡现象，结构体的上部组件必须位于几根轴线的上面，不能有任何孤立的垂直部件。

避免偏心接合

如果在墙壁移动时梁保持静止，那么接合处就会折断，力量可以通过柔性材料传递出去。

悬挂系统

使用该系统的建筑在地震中只会承受很小的摆动力量。悬挂系统是孤立的，建在一个大型深沟内，由特殊设备隔离。此外，由于建筑上层部分的移动幅度要比下层大，所以机械阻尼器对角安装，作用于顶部的拉紧力量大于建筑底部，这样整栋建筑就成为一个弹性更高的整体，对突发的变化有一个弹性更高的抵抗能力。

主动控制器
（质量－阻尼系统）

主动控制器
（张力系统）

主计算机

传感器

轻微摆动

强烈摆动

地震工程

传统的抗震结构

智能建筑

当检测到地震信号时，计算机控制系统向阻尼器提供不同的压力数据，而阻尼器根据楼层高度和振动强度吸收运动产生的力量。

阻尼器

阻尼器由装满油的活塞制成，可以减弱建筑水平运动的力量。

钢管

水泥

柱子

体现这座建筑几何设计简单性的案例。

隔震支座

由钢板与橡胶叠合而成，可以削弱从地面传递到建筑的地震运动的能量。

铅芯

厚度为 3 毫米左右的钢板与弹性橡胶层交替铺设。

地面以下
有 6 层

保持警惕

当地球震动时，没有什么可以将其阻止，灾难看起来不可避免。然而虽然灾难不可避免，但是我们可以采取很多措施来减小受灾的程度。地震多发区的居民已经整合了一系列的预防措施，避免受到惊吓，并帮助自己在家中、办公室或户外采取合适的行动。这些基本行为准则可以帮助人们尽可能地在地震中幸存下来。●

预防

如果你住在地震多发区，那么你最好熟悉你所在社区的应急计划，为家人在地震发生时如何行动进行提前规划，了解急救知识，了解如何灭火。

急救箱
准备一个急救箱，并确保里面的药品和疫苗在有效期内。

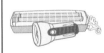

灯光
准备应急照明设备、手电筒、晶体管收音机和电池。

固定物体
将家具、书架等笨重物体以及燃气用具等固定在墙壁或地板上。

断路器
安装一个断路器，并了解如何切断电源和燃气。

食物和水
存储饮用水和不易腐败变质的食物。

急救
学习急救知识，并参加社区的地震应急演练。

发生地震时

当你在室内时，一旦你感觉到脚下的地面开始晃动，就赶紧寻找安全的地方（比如比较坚实的桌子底下）藏起来。如果你碰巧在大街上，那么马上到开放的空间去，比如广场或公园。保持冷静很重要，不要被惊慌失措的人影响。

在家
房屋在建造时遵照了抗震建筑规范至关重要，确保有人负责切断电源和燃气。

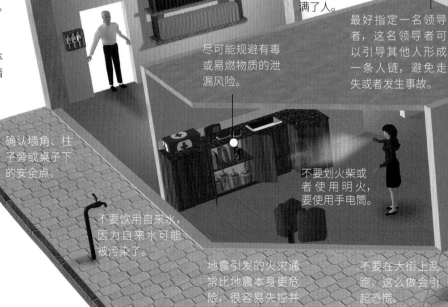

可能因为运动而落下的物体应该牢牢固定在墙上。

不要使用电梯，因为电梯的电源可能会被切断。

如果需要紧急疏散，楼梯是最安全的途径，但是可能会挤满了人。

最好指定一名领导者，这名领导者可以引导其他人形成一条人链，避免走失或者发生事故。

尽可能规避有毒或易燃物质的泄漏风险。

确认墙角、柱子旁或桌子下的安全点。

不要划火柴或者使用明火，要使用手电筒。

不要饮用自来水，因为自来水可能被污染了。

地震引发的火灾通常比地震本身更危险，很容易失控并在城市中蔓延。

不要在大街上乱跑；这么做会引起恐慌。

在办公室

办公室通常位于方便大群人聚集的地方，因此建议你先留在室内，不要匆忙冲向出口。当人们慌乱逃生时，被人群踩踏的可能性比被建筑压到的可能性更大，特别是在人口密集的建筑。

标记逃生路线，并确保路线上没有障碍物。

知道应急设备的位置，比如灭火器、水管、斧头等。

躲在坚固的桌子下面，避免被落下的物体伤到。

远离窗户和阳台，这里是一个错误的示范。

如果你在出口附近，离开那栋建筑，到远处去，不要堵在出口。

如果你在车里，那么将车停在尽可能安全的地方（远离大型建筑、桥梁和电线杆）。

在公共场所

当你在户外时，远离高层建筑、电线杆以及其他可能会倒塌的物体，这点很重要。最安全的行为是去往公园或其他开放空间。你也可以留在车里，但是要确保离桥梁很远。

去往开放空间，比如广场和公园，尽可能远离树木。

海岸线

不要靠近海岸线，因为那里可能会发生海啸。还要避免接近河流，因为那里可能会形成湍流。

听从民防人员的指挥。

修好断裂的供水和燃气管道是当务之急。

远离建筑、墙壁、电线杆和其他可能倒下的物体。

救援工作

一旦地震结束，就必须开始救援行动。在这一阶段，确定是否有人受伤并实施急救至关重要。不要在没有专业人员在场的情况下随意移动发生骨折的病人，不要饮用开口容器中的水。

救援人员
地震之后的首要任务就是搜索幸存者。

搜救犬
经过特殊训练的犬只可以搜索碎石下的幸存者。

运输
保持受灾地区的道路畅通非常重要，这样可以确保紧急救援小组进入灾区。

大火中的旧金山

1906 年 4 月 18 日，一场大地震袭击了旧金山：短短数十秒内，这座美国大都会的大部分地区就变成了一片瓦砾。在地下压抑了数个世纪的能量在这场里氏 8.3 级的地震中瞬间爆发了出来。地震摧毁了许多建筑，而地震后燃烧了 3 天的毁灭城市的大火造成了更为严重的损失，迫使人们逃离自己的家园。

4 月 18 日

1　一切始于此时

1906 年 4 月 18 日清晨 5 时 12 分，太平洋板块沿圣安德烈斯断层的北部地区发生了大约 6 米的位移。地震的震中位于旧金山以西 3 千米的太平洋中。大地开始颤抖，城市中的大部分主要建筑纷纷倒塌。在卵石街道上行驶的有轨电车及马车变得支离破碎。

市政大厅

市政大厅的外墙上方为一圆顶，由钢结构的廊柱系统支撑。它曾被视作该市最美丽的建筑之一。

煤气灯
煤气灯在当时是这座城市发达程度的体现。

市政大厅的历史

 1906 年的大地震发生之前，市政大厅一直都是市政府所在地，并且是这座城市的标志性建筑。这座建筑始建于 19 世纪后半叶，它代表着由加利福尼亚淘金热所带动的一个快速发展的时代。市政大厅于 1870 年 2 月 22 日开始动工修建，历经 27 年完工，其间设计师奥古斯特·拉韦尔的原始设计被多次修改。据说整个工程牵涉了严重的腐败问题，当时工程总成本达到 600 万美元之巨，按照今天的计算，该建筑应能经受得住里氏 6.6 级的地震。大地震过后，仅有圆顶和钢结构还挺立在那里，这些残余结构于 1909 年被全部拆除。

坍塌的建筑外立面

圆顶以下的建筑外立面在地震中完全坍塌了。

美国
加利福尼亚州
旧金山

北纬：37° 48′
西经：122° 25′

面积	120 平方千米
人口（2021 年 7 月）	81.5 万人
人口密度	6 792 人每平方千米
每年有感地震次数	100~150 次
每年发生的地震总数	1 万次

4 月 20 日

③ 旧金山大火

地震发生 2 天后，最初局部性的火灾终于演变成了毁灭城市的炼狱之火。大量民众被疏散到其他地方，同时为了控制火势，军队炸毁了一些建筑。消防员不得不使用海水来灭火。

1906—1915 年

④ 灾后重建

大灾发生数年之后，这座城市就以一副崭新的形象重新崛起于废墟之上，这一切都要归功于其所拥有的巨额财富及强大的经济实力。据估算，这场大地震造成的经济损失约合今天的 50 亿美元，这是美国历史上最严重的自然灾害之一。

清晨 5 时 12 分

② 地震

此次地震不仅强烈，而且在 40 秒内不断地向各个方向发出冲击。人们纷纷逃离家门、跑上街道，他们完全被这场灾难吓蒙了，像无头苍蝇一样到处乱撞。许多建筑出现了巨大的裂缝，而另外一些瞬间就变成了一堆堆的瓦砾。一名邮局工作人员是这样描述当时的场景的："墙壁被抛入了屋中，砸毁了房间中的家具，所有东西都被灰尘覆盖。"

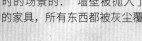

清理废墟

据统计，大约有 3 000 人在 1906 年的这场地震灾难中丧生，他们大多被困在倒塌的房屋中或被地震引起的火灾烧死。在随后的数周时间里，军队、消防员和工人将残垣碎瓦堆放到海湾，形成了新的陆地，也就是今天旧金山的海港区。主干道的交通开始逐渐恢复，电车系统得以重建。地震 6 周之后，银行和商店重新开门营业。

户外午餐
军队在露营地建起厨房。在这些户外厨房中一直有食物供应，甚至每个人都有定量的免费烟草供应。

工人们在清理房屋废墟时的合影。

军队的帐篷为难民提供了住处。

工人
截至 1906 年 4 月 21 日，大约 300 名管道工人进入旧金山重建服务设施，主要是修复供水系统。在随后的几周里，数千名工人拆掉不稳定的建筑，清理街道，恢复交通，清除市内的碎石，并使用了将近 1.5 万匹马来运送碎石。

不久之后
这张全景照片描述了城市受破坏的程度。尽管遭受了巨大的破坏，但还是有很多建筑屹立不倒。

圣玛丽教堂

唐人街
被大火完全摧毁。

1.8 万栋

尽管经历了 1906 年的大地震和后来的多次地震，旧金山目前仍然保留了约 1.8 万栋那个时期的建筑。

大火连烧 3 天

地震之后发生的大火迅速蔓延，消防人员竭尽全力来控制火势。由于断水，他们不得不使用炸药来清理出防火带。军队疏散了这个地区的居民，任何人都不得携带任何东西。据推测，在城市发生火灾的 3 天中，很多房主烧毁了被地震部分损坏的房屋，以便获得保险赔偿。其他对这次火灾产生影响的因素是有目的的爆破，开始时爆破实施不当，扩大了火势。到第四天，这座城市的中心已经成了灰烬。

1 火灾从城市南部工人区的市场街地区开始，那里有很多木质房屋。

2 第二天，火灾向西蔓延。大约 30 万人通过轮渡从港湾被疏散。

3 第三天，大火席卷了唐人街和北滩，对北滩山上的维多利亚式建筑造成严重损害。

4 大火被扑灭之后，俄罗斯山和电报山（左图火灾区中的白色斑点）仍然完好无损，港口也是如此。

难民营

军队在公园中搭起帐篷，为那些无家可归的人提供住处。数月后，政府为大约 2 万人建设了临时住房。

消防员在努力灭火。

商务交易所
建于 1903 年，在地震中幸存下来，后来再次经过粉刷。

米尔斯大厦
这栋位于金融区的建筑建于 1890 年。

2.8 万栋 建筑被摧毁

这是据统计由大地震造成的建筑损失。这些建筑中很多都以奢华而闻名，比如市政大厅。

历史上发生的大地震

地 球的结构处在不断的运动之中，自从地球存在之初到现在一直如此。地震有很多种，从温和的震动到剧烈得令人恐惧的强震。很多地震作为人类经历过的极为恶劣的自然灾害而被载入史册。例如1755年的葡萄牙里斯本地震、1960年的智利瓦尔迪维亚地震、2005年的克什米尔地震，这3个例子表现了地震对人类从身体上、物质上到情感上的蹂躏。 ▮

1995 年
日本神户

震级	里氏 6.8 级
死亡人数	6 433 人
经济损失	1 000 亿美元

人间地狱

1995 年 1 月 17 日发生在日本港口城市神户的阪神大地震，造成了 6 000 多人死亡，3.8 万多人受伤，31.9 万人不得不住在 1 200 多个应急庇护所。长田区是受灾最严重的地区之一。将近 80% 的受害者丧生于地震后老旧木屋发生的大火。

惨剧发生之后
神户这座港口城市变成了废墟，整个世界都为之震惊。

1755 年

葡萄牙，里斯本

震级	里氏 8.7 级
死亡人数	6.2 万人
经济损失	未知

1755 年 11 月 1 日，那是一个死亡之日。上午 9 时 40 分，里斯本几乎所有的人都在教堂。当人们正在举行弥撒时，地震发生了。这次地震可能是历史上破坏性最大、最致命的地震之一。地震引发了海啸，从挪威到北美洲都能感受到，海啸夺走了那些试图在河流中寻求庇护的人的生命。

1906 年

美国，旧金山

震级	里氏 8.3 级
死亡人数	3 000 人
经济损失	50 亿美元

这座城市被地震以及随后发生的火灾席卷。地震的成因是圣安德烈斯断层发生断裂。这是美国历史上最严重的地震，造成 30 万人无家可归，财产损失在当时数以百万美元计，建筑倒塌，大火持续了 3 天，而且供水系统被破坏。

2004 年

印度尼西亚，苏门答腊岛

震级	里氏 9.3 级
死亡人数	23 万人
经济损失	不可估量

这次地震发生在 12 月 26 日，震中位于印度尼西亚的苏门答腊岛以西。地震造成的海啸影响了整个印度洋的海岸，特别是苏门答腊岛和斯里兰卡，并到达印度、泰国、马尔代夫甚至肯尼亚和索马里的海岸。这是一场不折不扣的人类灾难，经济损失不可估量。

1960 年

智利，瓦尔迪维亚

震级	里氏 9.5 级
死亡人数	5 700 人
经济损失	5 亿美元

这次地震也被称为智利大地震，是 20 世纪最强烈的地震。该地震产生的表面波非常猛烈，以至于地震发生 60 小时之后，地震仪仍然能够监测到它们。这次地震在地球的多个地方都能感觉到，巨大的海啸在太平洋上传播，在夏威夷造成 60 多人死亡。这是有记录以来最为强烈的地震之一，余震持续了一个多星期。5 000 多人丧生，大约 200 万人受到伤害或遭受损失。

1985 年

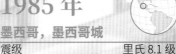

墨西哥，墨西哥城

震级	里氏 8.1 级
死亡人数	1.1 万人
经济损失	10 亿美元

墨西哥城在 9 月 19 日发生大地震。2 天之后，发生了一次里氏 7.6 级的余震。地震除了造成 1.1 万人死亡，还导致 3 万人受伤，9.5 万人无家可归。随着科科斯板块在北美板块下滑动，北美板块在 20 千米深处发生断裂。墨西哥西南海岸外洋底的震动引发了海啸，产生了相当于 1 000 颗原子弹爆炸的能量。强烈的地震波向东传播到大约 350 千米之外的墨西哥城。

2005 年

克什米尔

震级	里氏 7.6 级
死亡人数	8 万人
物质损失	5.95 亿美元

克什米尔地区在 2005 年 10 月 8 日发生了地震。由于当时学校正在上课（上午 9 时 20 分），所以很多受害者都是学生，他们因校舍倒塌而死亡。这是这个地区一个世纪之中经历的最强烈地震，300 多万人失去家园。受灾最严重的地区几乎所有的家畜都死了，几乎所有的耕地都被土石所掩埋。震中位于伊斯兰堡东北方向的山区。

术　语

aa 熔岩（渣块熔岩）

用于描述表面粗糙的熔岩流，这种熔岩流中布满了多孔带刺的熔岩碎块（渣块）。

白热

物体受热达到白炽的状态。

板块

地球外层巨大的坚硬部分。这些板块位于地幔更柔软、可塑性更强的软流圈上面，以每年数厘米或更高的速度缓慢漂移。

板块构造学说

这是一种地球构造学说，认为地球的外层是由不同板块组成的，这些板块以不同的方式互动，造成地震，形成火山、山脉和地壳本身。

表面波

沿地球表面传播的地震波，是造成建筑强烈破坏的主要因素。

初波

地震纵波，沿其前进方向对地面交替挤压、拉伸的地震波。

次波

地震横波，介质质点的振动方向与波的前进方向垂直。

弹道碎片

火山喷发时猛烈喷出的岩石块，沿着弹道或椭圆轨迹移动。

地核

地球的中心部分，外边缘位于地球表面以下约 2 900 千米处。据研究，地核主要由铁和镍构成，有一个液态的外核和一个固态的内核。

地幔

地壳和外核之间的部分。地幔的上部是软流圈，部分熔融。

地幔对流

地幔物质由于放射性物质蜕变等原因，热量增加、密度减小，形成上升的热物质流，这些物质到达岩石圈底部后再向不同方向分别流动，随着温度的下降，又转向地幔内部运动的过程。

地幔柱

从地幔深处上升的异常炽热的岩石柱，能够引起火山活动。

地壳

地球最外层的坚硬部分，可分为上下两层：上层为花岗岩层，亦称硅铝层，仅存在于陆壳；下层为玄武岩层，陆壳和洋壳均有分布。

地热能

地球地表内的岩石、热水和水蒸气中的可用热能。

地震

地壳震动，通常由地球内部的变动引起。

地震波

由天然地震或通过人工激发的地震而产生的弹性振动波。

地震持续时间

人类能够感知的地震的晃动或震动的时间。这段时间比地震仪记录的时间要短。

地震带

地震震中分布较集中的地带，规模最大的地震带有环太平洋地震带和横贯欧亚地震带。

地震空区

地震孕育过程中，被小地震包围或部分包围的、处于断裂活动构造带上的无震区域。

地震危险性

在某一场址上，在规定期限内，地震事件造成的经济和社会影响会超过某些预先确定值的可能性，这些预先确定值包括受害人数量、建筑受损数量和经济损失金额等。

地震危险性计算

确定不同地区地震风险的程序，目的是确定具有类似风险等级的地区。

地震学

研究地球自然震动或模拟震动的地质学分支。

地震液化

地震使饱和松散沙土或未固结岩层发生液化的作用。

地震仪

在地震时测量地球表面的地震波的仪器。

断层位移

沿着断层产生的缓慢渐进运动。

断裂带

地壳分裂并扩展的地区，正如岩石中的裂纹展示的那样。这些地区是由于板块分离形成的，断裂带的存在会引发地震和反复的火山活动。

盾状火山

具有缓坡的大型火山，其缓坡由流动性较强的玄武岩熔岩形成。

浮岩（浮石）

多孔、密度低的一种浅色火山岩，通常为酸性（流纹岩）。浮岩上的孔是由火山气体在火山物质冲向地面时扩张形成的。

俯冲

通常指海洋岩石圈沿着会聚边界下沉到地幔的过程。纳斯卡板块正在向南美板块下俯冲。

俯冲带

地壳的一个板块滑到另一个板块底下的狭长地带（通常指大洋板块俯冲于大陆板块之下的地带）。

冈瓦纳古陆

泛大陆的南部，一度包括南美、非洲、澳大利亚、印度和南极洲板块。

硅

最常见的元素之一，是很多矿物的主要成分。

火山弹

粒径大于 64 毫米、喷出时局部或完全呈塑性的岩浆，因在空中旋转冷凝而成的火山碎屑物。

火山浮质

火山气体带来的散布在空气中的小颗粒和小液滴。

火山塞

充填在垂直的管状火山通道中呈圆柱形的冷却的熔岩或火山碎屑物。

海沟

位于大洋底的狭长且非常深的地方，是在一个大洋板块边缘沉入另一个板块的下面时形成的。

海啸

其英语名词源于日语，表示地震引起的超大海浪。

会聚边界

两个相撞的板块的边缘。

活火山

还在喷发的火山，或者现今虽未喷发但有活动性、预料将会喷发的火山。

火山

地球内部的岩浆及伴生气体、碎屑物质从地下喷出后，在地表冷凝、堆积而形成的山体。

火山玻璃

当熔岩迅速冷却而没有发生结晶时形成的一种玻璃质结构岩石。

火山环

位于板块边缘附近的一系列山脉或岛屿，由与俯冲带相关的岩浆活动形成。

火山灰雨

由于地球重力作用，火山喷发后的火山灰（或其他火山碎屑物）从烟柱中落下来的现象。火山灰的分布是风向作用的结果。

火山活动

一般是指与火山喷发有关的岩浆活动。

火山口

火山顶部的漏斗状洼地。

火山砾

火山喷发喷射出的岩石碎片，粒径为 2~64 毫米。

火山泥流

当含有火山碎屑物的不稳定层充满水分并从山上流下来时，在火山斜坡上形成的泥石流。

火山碎屑流

沿着火山山坡快速流动的炽热、稠密的火山

气体、火山灰和岩石碎片混合物。

火山学

地质学的一个分支，研究火山的形成和活动。

间歇泉

从地下周期性喷出热水的泉。

抗震的

指设计用于抵御地震的建筑的特点。

里氏震级

测量一次地震震级或地震释放能量的标准。震级每增大 2 级，相当于地震能量增大 1 000 倍。地震的震级根据地震仪的测量值估算。

烈度表

用于衡量地震造成的地面运动剧烈程度的标准。烈度赋值主观上是根据人感知到的震动程度以及建筑受损害的程度确定的。

密度

物体的质量与体积之比。液态水的密度是 1 克每立方厘米。

磨蚀

由摩擦以及由风、水和冰带来的其他颗粒造成的撞击而引起的岩石表面的变化。

逆冲断层

逆断层的一种形式，形成于一个板块边缘滑动到另一板块边缘的上面时，形成的角度小于 45°。

逆断层

地面由于受到挤压而造成的岩层中的断裂，一般会造成上盘沿断层面相对下盘向上滑。

黏度

衡量流体黏滞性大小的物理量。熔岩中的硅含量越高，黏度越高。

培雷式喷发

火山喷发的一种类型，带有一个不断生长的黏滞性熔岩穹丘。穹丘很可能由于重力作用倒塌或由于短暂的爆炸而被摧毁。培雷式喷发会产生火山碎屑流或炽热的火山灰云。培雷式喷发是以马提尼克岛上的培雷火山命名的。

喷气孔

高温地热流体从地下向地表运移的过程中，温度和压力的降低使其出现汽化现象，气相组分继续沿着通道或裂隙升至地面喷出，从而形成喷气孔。喷气孔多见于火山活动区和高温地热田。喷气孔排放的绝大部分气体是水蒸气，但还可能包括二氧化碳、一氧化碳、二氧化硫、硫化氢、甲烷、氯化氢等。

破火山口

火山在岩浆房崩塌后留下的大型的圆形洼地。

普林尼式喷发

极为猛烈的爆炸性火山喷发，连续向大气中喷射大量的火山灰和其他火山碎屑物，形成 8~40 千米高的喷发柱。该名词是以小普林尼的名字命名的，他在公元 79 年观测到意大利维苏威火山的喷发。

穹丘

杯状凸起，侧部陡峭，由黏滞性熔岩积聚形成。通常穹丘是由安山岩、英安岩或流纹岩熔岩形成的。穹丘的高度可达数百米。

热点

地幔内的热量集中点，能上升至远离板块边缘的地面。

熔岩

到达地球表面的岩浆或熔化的岩石。

软流圈

地球内部的一层，地幔的一部分。

山崩

由火山山坡不稳定造成的大量岩石和其他物质的快速运动。不稳定可能由多种原因造成，比如熔岩入侵火山结构，大地震，热液变化造成火山结构弱化，等等。

渗水层

地壳中允许水到达的更深的地层。

绳状熔岩

表面光滑、形状像绳子的熔岩。

水热蚀变

岩石和矿物的化学变化，由岩浆体中升起的富含挥发性化学元素的高温水溶液产生。

死火山

长时间没有任何活动迹象的火山，被认为发生喷发的可能性非常小。

乌尔卡诺式喷发

火山喷发的一种类型，特点是短暂的爆炸性喷发，可以将物质喷射到 15 千米的高空。这种类型的活动通常与地下水和岩浆的互动相关（射气岩浆喷发）。

无震区

地球上构造稳定的地区，在那里几乎没有地震。比如北极地区就是无震区。

岩床

一般是一种厚薄比较均匀而近似水平的板状侵入体。

岩基

形成于地下较深处的规模巨大的岩浆侵入体。

岩浆

地壳深处或上地幔天然形成的、富含挥发组分的高温黏稠的硅酸盐熔浆流体。当岩浆失去气体并到达地表时，称为熔岩。如果岩浆在地壳内冷却，就形成火成岩。

岩浆房

位于地下一定深度、聚集着大量岩浆的区域。一般岩浆房位于地下 1~10 千米的范围，多位于火山下部。

岩墙

一般为形态比较规则而又近似直立的岩浆侵入体。

岩石圈

地球外层的坚硬部分，由地壳和地幔的外层组成。这是在俯冲带被破坏的一层，也是从洋中脊生长出来的一层。

洋中脊

大洋底部绵长的山脉，其宽度通常为 500~5 000 千米。

余震

发生在主震之后的大量较小地震。

震群

于很短的时间内在同一地区发生的一系列小地震，与其他地震相比，震级较低。

震源

地球内部岩石破裂、引起震动的地方。

震中

地震中位于震源正上方的地球表面上的点。

震中地区

围绕地震震中的地区，通常是震感最强烈、受害最严重的地区。

震中距

观测点到震中的地球球面距离。

正断层

断层的一种，在这个断裂区，地面得到伸展，通常会造成断层上盘相对于下盘沿断面向下移动。

宙

国际地质年代表中延续时间最长的第一级地质年代单位，比代更长。

Photo Credits: Age Fotostock, Getty Images, Science Photo Library, Graphic News, ESA, NASA, National Geographic, Latinstock, Album, ACI, Cordon Press

Illustrators: Guido Arroyo, Pablo Aschei, Gustavo J. Caironi, Hernán Cañellas, Leonardo César, José Luis Corsetti, Vanina Farías, Joana Garrido, Celina Hilbert, Isidro López, Diego Martín, Jorge Martínez, Marco Menco, Ala de Mosca, Diego Mourelos, Eduardo Pérez, Javier Pérez, Ariel Piroyansky, Ariel Roldán, Marcel Socías, Néstor Taylor, Trebol Animation, Juan Venegas, Coralia Vignau, 3DN, 3DOM studio

江苏省版权局著作权合同登记 10-2021-101 号

图书在版编目（ＣＩＰ）数据

火山与地震 / 西班牙 Sol90 公司编著 ; 李莉译 . —
南京 : 江苏凤凰科学技术出版社 , 2023.5 （2024.6 重印）
（国家地理图解万物大百科）
ISBN 978-7-5713-2943-3

Ⅰ . ①火… Ⅱ . ①西… ②李… Ⅲ . ①火山－普及读
物 ②地震－普及读物 Ⅳ . ① P317-49 ② P315-49

中国版本图书馆 CIP 数据核字 (2022) 第 083210 号

国家地理图解万物大百科　火山与地震

编　　著	西班牙 Sol90 公司	
译　　者	李　莉	
责 任 编 辑	杨嘉庚	
责 任 校 对	仲　敏	
责 任 监 制	刘文洋	

出 版 发 行	江苏凤凰科学技术出版社
出版社地址	南京市湖南路 1 号 A 楼，邮编：210009
出版社网址	http://www.pspress.cn
印　　刷	上海当纳利印刷有限公司

开　　本	889mm×1 194mm　1/16
印　　张	6
字　　数	200 000
版　　次	2023 年 5 月第 1 版
印　　次	2024 年 6 月第 6 次印刷

标 准 书 号	ISBN 978-7-5713-2943-3
定　　价	40.00 元

图书如有印装质量问题，可随时向我社印务部调换。